基于案例分析的典型污染物环境应急监测技术研究

潘海婷　朱日龙　于　磊　著

湘潭大学出版社

图书在版编目（CIP）数据

基于案例分析的典型污染物环境应急监测技术研究 / 潘海婷，朱日龙，于磊著. — 湘潭 : 湘潭大学出版社，2020.12
ISBN 978-7-5687-0522-6

Ⅰ. ①基… Ⅱ. ①潘… ②朱… ③于… Ⅲ. ①环境污染—应急监测—案例 Ⅳ. ①X830.7

中国版本图书馆 CIP 数据核字（2020）第 265432 号

基于案例分析的典型污染物环境应急监测技术研究

JIYU ANLI FENXIDE DIANXING WURANWU HUANJING YINGJI JIANCE JISHU YANJIU

潘海婷 朱日龙 于磊 著

责任编辑： 丁立松
封面设计： 张丽莉
出版发行： 湘潭大学出版社
社　　址： 湖南省湘潭大学工程训练大楼
电　　话： 0731-58298960 0731-58298966（传真）
邮　　编： 411105
网　　址： http://press.xtu.edu.cn/
印　　刷： 广东虎彩云印刷有限公司
经　　销： 湖南省新华书店
开　　本： 787 mm×1092 mm 1/16
印　　张： 11.5
字　　数： 279 千字
版　　次： 2020 年 12 月第 1 版
印　　次： 2020 年 12 月第 1 次印刷
书　　号： ISBN 978-7-5687-0522-6
定　　价： 45.00 元

序

近年来，许多国家越来越注意防止突发性环境污染事故的发生，采取了多种防范措施，但是环境污染事故，包括重大恶性环境污染事故并未能被杜绝。污染事故对受污染地区居民的生命和财产造成了严重的危害，对当地生态环境造成了难以估量的破坏。在当前以及未来很长一段时间内，我国都将面临突发公共事件所带来的严峻考验。近年来，我国境内接连发生了多起重大以上级别的突发性环境污染事故。2020 年 1 月至今，我国已经发生多起各类突发环境事件，造成了重大经济损失，严重影响了当地人民生活、社会稳定和经济发展，破坏了生态环境。因此，加强环境突发性事故的应急监测，提高应急处置能力，已成为我国环境保护一项非常迫切的重要工作。环境应急监测是指在突发环境事件发生后，对污染物的种类、数量、浓度范围，以及生态的破坏程度、范围等进行监测。目的是发现和查明环境污染状况，掌握污染的范围和程度，包括重大污染事故监测、突发性污染事故监测、对环境造成自然灾害等事件的监测，以及在环境质量监测、污染源监测过程中发现异常情况时所采取的监测等。

本书将从应急监测技术概述（第 1 章），国内外应急监测技术研究进展（第 2 章），应急监测典型案例分析（第 3 章），便携式监测仪器在应急监测中的应用（第 4 章），能力配置技术指南（第 5 章），以及常见的数据库介绍（第 6 章）等方面，主要以案例与案例分析为主线，介绍了重金属、有机物、气体类、有毒化学品污染等造成的环境污染事故的应急监测与处理处置技术，提供了一些案例处理的基本思路，并介绍了几种便携式监测仪器的基本原理以及使用方法。书中还介绍了国内外近年来应急监测的基本情况以及先进的应急监测技术。本书很适合环保、冶金、化工、石化、轻工、交通、公安和卫生等部门的有关人员参考，亦可作为高等院校的普及教材，是一本适用性较强的技术工具书。

作　者

2020 年 12 月

目　录

第1章　概　述

当前，我国正处于工业化、城镇化加速发展时期，各种自然灾害和人为活动带来的环境风险不断加剧。现阶段，环境质量局部恶化状况尚未得到根本遏制；企业环境违法问题仍然普遍存在，环境安全隐患突出；突发环境污染事件易发多发，造成了公众生命、财产的重大损失及生态环境的严重破坏，影响社会稳定。应急快速监测是处理突发性环境污染事件的关键环节之一，在环境污染事件处理过程中，可鉴定和查明污染物种类、污染程度和范围，以及污染发展趋势，及时准确地提供监测数据，为决策部门科学地评价污染事件、控制污染扩散、制定污染治理方案提供科学依据。对突发性环境污染事件的控制，已经到了刻不容缓的地步，应引起各级政府的高度重视。同时，构建环境污染事件应急监测的"事前预防与监控、事发响应与处置、事后评估与恢复"三个阶段相对应的技术支撑体系，也将作为一个新的课题，摆在环境工作者的面前。

1.1　突发环境事件基本概念、特征及类型

突发环境事件是指由于污染物排放或自然灾害、生产安全事故等因素，导致污染物或放射性物质等有毒有害物质进入大气、水体、土壤等环境介质，突然造成或可能造成环境质量下降，危及公众身体健康和财产安全，或造成生态环境破坏，或造成重大社会影响，需要采取紧急措施予以应对的事件，主要包括大气污染、水体污染、土壤污染等突发性环境污染事件和辐射污染事件。核设施及有关核活动发生的核事故所造成的辐射污染事件、海上溢油事件、船舶污染事件的应对工作按照相关应急预案规定执行。重污染天气应对工作按照国务院《大气污染防治行动计划》等有关规定执行。

突发性环境污染事件不同于一般的环境污染事件，它的主要特性有：

(1) 类型成因的复杂性。突发性环境污染事件涉及众多行业和领域，如有毒化学品的生产、运输、储存、使用，以及在处置过程中，均有可能发生环境污染事故。就某一类事

故而言，所包含的污染因素也比较多，几乎涉及所有的环境要素，如大气圈、水圈、岩石圈及生物圈等。就事故类型而言，其表现形式也是多种多样的，如泄漏、燃烧、爆炸等，表明了有毒有害物质进入环境的排放方式和途径的多样性、复杂性。

（2）发生发展的不确定性。环境污染事件往往突然发生，来势凶猛，如果事先没有采取有效的防范措施，则在很短的时间内往往难以控制，防不胜防，具有很大的偶然性和突发性。

（3）危害的严重性。由于环境污染事件均是在短时间内排放大量的有毒有害物质，其表现形式多种多样，人们往往来不及采取相应的应急措施处理处置这些污染物，因而极易造成严重的人员伤亡、财产损失和环境破坏。

（4）处理处置的艰巨性。突发性环境污染事件具有污染因素多、排放量大、发生突然、危害强度大等特点，使得应急监测工作的开展需在最短的时间内承担大量的工作任务，如应急监测队伍要在最短时间内完成集结，准备仪器设备，制定监测方案，实施监测任务，及时准确地报告监测数据，客观反映事故现场污染情况，为环境决策和应急处置提供技术支持，难度与压力可想而知。因此，突发性环境污染事件的应急监测、处理处置比一般的环境污染事故的处理更为艰巨和复杂。

通过对污染物的性质及常发生的污染事件进行统计分析，环境污染事件大致可归纳为以下几类：

（1）剧毒农药和有毒化学品的泄漏与排放事件；

（2）易燃易爆物泄漏与爆炸产生的污染事件；

（3）交通运输溢油污染事件；

（4）含大量耗氧物质的城市污水和厂矿废水突然泄入造成的水体污染事件。

1.2 应急监测基本概念

应急监测是指突发环境事件发生后至应急响应终止前，对污染物种类、污染物浓度、污染范围及其变化趋势进行的监测，它主要包括污染态势初步判别和跟踪监测两个阶段。

污染态势初步判别是指突发环境事件应急监测的第一阶段，指突发环境事件发生后，确定污染物种类、监测项目及污染范围的过程。

跟踪监测是指污染态势初步判别阶段后至应急响应终止前，开展的确定污染物浓度及其变化趋势的环境监测活动。

应急监测启动是指突发环境事件发生后，根据应急组织指挥机构应急响应指令，启动应急监测预案，开展应急监测工作。

应急监测终止是指当事件条件已经排除、污染物质已降至规定限值以内、所造成的危害基本消除时，由启动响应的应急组织指挥机构终止应急响应，同时终止应急监测。

第一阶段“污染态势初步判别”以尽快确定污染物种类、监测项目及污染范围为目的，监测方式快速灵活，通过采用小型、便携、简易、快速的检测仪器、设备和一定的技术装备及实验室手段，在尽可能短的时间内，准确获取污染物的种类、浓度、剂量、污染的范围及其潜在危害等重要信息，着重于监测结果的“真”，是第二阶段“跟踪监测”的基础；第二阶段“跟踪监测”是在第一阶段“污染态势初步判别”确定了污染物种类、监测项目及污染范围的基础上，以确定污染物浓度及其变化趋势，为突发环境事件应急决策提供依据为目的，侧重于监测结果的“准”和“全”。

1.3　应急监测基本要求

对于突发事件引发环境污染的应急监测，重在快速，还要兼顾到多种类型的污染，在监测过程中，应依据污染变化随时调整方案，为事故处置及时地提供技术支持。基本要求在于：①通过信息收集或现场快速分析快速确定已知、未知污染物的类型和浓度范围；②确认污染物的迁移、扩散途径，初步确定污染的受体和范围；③依据监测技术规范布设监测点位，要注意点位的代表性和可行性；④依据污染事故的严重程度、污染阶段和污染受体，确定合理的监测频次；⑤依据监测能力要素确定具体的监测方法和质控手段；⑥制定快速数据报告的形式、报送时间以及报送途径。

对于自然灾害引发的环境污染事件应急监测的基本要求是：①对灾害区域可能出现的污染源应全面了解和筛查；②灾害区域所有敏感点都要予以考虑；③对直接影响到人们身体健康的环境要素，如饮用水、环境空气应开展全面监测；④根据事态的发展随时补充和调整监测方案，对有可能发生的污染预先做好监测工作的准备。

事件调查型应急监测，重点要突出以人为本的原则，同时，要兼顾到相关部门的统筹协调：①要针对区域内受到污染的人群，寻找污染物可能的根源；②要对可能富集污染物的地表水、地下水、环境空气、土壤及农作物开展全面监测，确认主要污染因子后，还需要开展针对性监测；③要考虑和地方政府、卫生部门紧密配合开展工作；④要强调数据的保密性。

水污染事件应急监测重点涉及污染物的种类、浓度、扩散情况，河流的流量、流速、敏感点等，应尽快完成方案的编制，确保在第一时间快速开展监测、采样和分析测试，为水污染事件处置提供有力的技术支持。

环境空气污染事件应急监测，要准确掌握污染因子种类、排放量、气象资料及污染物扩散情况，在最短的时间内，对事故发生地下风向敏感区域开展监测。

土壤污染事件应急监测主要是采取采样送实验室进行分析测试，在现场的工作主要是采样。因此，监测方案与常规的土壤监测类似，重点是抓住污染的特征因子，对污染程度和污染范围进行针对性监测。

1.4 监测方法选择原则

选择监测方法的原则是：①根据污染状况选择现场监测方法和实验室监测方法，优先选择标准中规定的方法；②优先选择国家或行业标准分析方法，也可以选择等效方法或参照使用ISO分析方法及其他国际公认的分析方法；③实验室监测方法可以选择经过验证的新方法，其精密度、灵敏度和准确度不得低于常规方法；④现场监测方法可选择定性半定量的快速分析方法，但该方法在日常工作中应经过与国家标准方法比对验证，以保证数据真实性；⑤同等情况下应优先选择分析周期较短的分析方法。

1.4.1 应急监测技术的选择

按监测技术和方法的适用环境条件分，应急监测方法分实验室分析方法和现场分析方法。实验室固定优越的环境条件和电源决定了可用技术方法的广泛性，可选择各种精密分析仪器技术。为适应现场环境条件而设计的现场仪器和方法，更多地考虑了仪器的坚固性、抗震性等，可以随时随地进行分析，所用的试剂基本上是半成品或成品，分析方法更加注重快速和简便，因此，精密度和准确度可能不如实验室仪器设备。但实验室分析方法和现场分析方法的区分不是绝对的，很多不需要大型仪器，对环境条件要求不高的分析方法和技术，均可以移至现场一个相对固定的场所使用，例如大多数分光光度法、离子电极法等。而现场仪器和方法在一定适用范围内也完全可以在实验室内使用。

一般实验室分析方法优先选择顺序为国家标准方法、环境保护标准方法、其他行业标准方法、国际较为权威的标准方法（如ISO，WHO和EPA等），以及经过验证、比对、确认的其他分析方法。应急监测因突发性污染事故的特点，决定了其分析技术和方法的选择必然有其自身的特点和要求。在方法选择时，除了合法性和标准化外，应急监测分析技术和方法还有快速性和非标的特点，选择方法的原则和实验室分析也有很大区别。

突发环境污染事件一旦发生，需要快速处置污染，最低限度减少危害，因此，提供污染物种类和浓度的监测数据必须快速。随着分析技术的发展，出现了电化学传感器、小型光谱仪、便携色谱仪、便携质谱仪等现场快速分析仪器，而与之配套的规范性分析方法却显得非常滞后，使用中往往是以仪器操作说明书为依据，因此，在选择现场分析方法时，实际上还处于一个比较初级的阶段，并没有一个较为规范和系统的快速分析方法可用，只能以其技术类型给其取个简单的名称，如便携分光光度法、便携气相色谱法、便携气相色谱/质谱法等。同时，由于便携仪器设备的性能指标还缺乏合法、合规的鉴定或校验，因此，目前很多便携式仪器设备在出具数据的质量和法律效应方面还很难和实验室分析方法相比，尽管如此，便携式分析技术和方法在快速出具定性、半定量数据方面还是具有一定的优势，是实验室分析技术和方法的一个必要补充。

突发环境污染事件涉及的化学品种类繁多，而标准分析方法有限，应急监测经常会遇到实验室日常工作中没有开展和接触的化学物质，因此，需要储备更多的非标方法。这些方法可能是借鉴、参考同类化学物质的分析方法，也可能是通过化学品库查看其性质，选择文献报道的国内外非标方法。

1.4.2 应急监测分析技术和方法选择考虑的因素

1.4.2.1 环境介质

空气、水、土壤和生物等环境介质是污染物质进入环境的载体，污染物通过各种环境介质对人类和生物造成危害，同时，也改变了环境介质的原有质量，打破了环境介质的物质平衡，环境监测的对象就是这些环境介质。因此，对监测技术的选择应首选考虑环境介质的种类。污染物的种类和性质不同，其在不同环境介质的迁移扩散变化将遵循不同的规律。因此，在进行污染物应急监测时，一定要根据污染物特点和性质采取相应的监测技术。例如，易挥发的污染物在大气环境介质中的停留时间和危害直接受气象条件影响，扩散速度相对较快、停留时间相对较短，扩散范围和浓度与风力有关，变化也较快，监测应以现场手工或自动的方法为首选。污染物进入土壤环境介质后，扩散传输速度和范围与污染物形态、数量和土壤的性质有关，相对水和大气，其扩散速度较慢，监测应以相对较为准确的实验室方法为首选。污染物进入河流等水环境介质后，扩散传输能力介于大气和土壤之间，监测可以根据需要选择现场方法或实验室方法。

1.4.2.2 污染物的性质

污染物从存在形态上分为气态、液态和固态；从元素组成分为无机物、有机物、金属和兼而有之的混合物；从毒性上分为剧毒、急性毒性、慢性毒性和一般毒性等不同程度的有害物质，例如，氰化物、苯、氨气、农药等。还有基本没有毒性但对环境有危害的物质，例如石油类等。

对应不同的污染物，根据监测能力和污染事故的大小程度等因素综合考虑，选择相应的监测方法。一般来讲，对于毒性大、易分解、易挥发的有毒有害物质，应急监测应优先选择现场监测方法。对于毒性大、较稳定、易残留的污染物，则可考虑实验室较为精确的分析方法。

1.4.2.3 应急监测仪器现状

选择应急监测技术方法时，最大的客观条件是受快速应急监测仪器设备的约束。由于目前缺乏一个合法的对现场快速技术方法的评价规范和对仪器性能的鉴别认可的程序和机构，哪些仪器设备可以用于现场监测，出具数据的准确程度如何，这些基本信息还很缺乏，限制了现场快速技术方法的使用。即使已经验证某种仪器具有接近于或等同于国标方法的准确性，还会因为出具数据不合法而受到限制。目前，大多数现场快速方法还仅仅是用于事故初期对污染物定性、半定量的判断方面。

1.4.2.4　事故属地应急监测能力

应急监测技术方法的选择和事故发生地区监测方的能力有直接关系。目前，省级监测部门选择监测技术方法的范围较宽，一般均具备了光谱、色谱和光度技术的实验室分析能力，应急监测仪器设备也较齐全。一般城市和县级监测部门的监测能力和当地经济发展关系密切，差别很大。

1.4.2.5　污染事故处置的阶段

在应急监测不同阶段对监测数据的质量要求也会有所区别，因此，在制定较大环境污染事故应急监测方案时，应充分考虑处置工作的需要，选择切实可行的监测技术方法。例如，污染事故的初期阶段需要尽快提供定性、半定量数据，需要使用快速方法尽快提供结果。而事故中、后期用于监测周期较长的污染事故处置效果和环境质量评价则需要较为准确的、全面的监测数据，甚至是有法律效应的数据，应采用实验室分析方法。

应急监测方法和技术的选择需要综合考虑多方面的情况，根据客观条件和提供数据的用途加以判断，也需要丰富的实践经验做指导，目的是提供有很强时效性和代表性的监测数据。

1.5　应急监测中的个人防护

应急监测不同于一般的环境监测，参加监测的人员必须考虑自身防护问题，否则不但监测不到数据，而且有可能引起中毒甚至危及生命。因此，突发性环境事件应急监测中的个人防护问题，应引起监测人员和有关部门的高度重视，务必做到预先有准备，掌握正确的防护方法，以顺利完成应急监测任务和保证自身安全。个体防护装置是指为了保护突发事件处置现场工作人员免受化学、生物与放射性污染危害而设计的装备，包括防护服、防护眼面护具、防护手套和呼吸用品等。

1.5.1　防护器材的分类

用于化学事故应急监测的防护器材按用途可分成两大类：一类是用于保护呼吸器官和面部的防护器材，通称呼吸道防护器材；另一类是用于保护身体皮肤和四肢的防护器材，通称皮肤防护器材。这些器材在设计、使用和防护性能方面各不相同。

1.5.1.1　呼吸道防护器材

呼吸道防护器材按其使用环境可分为过滤式和供气式两大类。

过滤式呼吸器工作原理是靠过滤清除空气中有毒物，亦称净化呼吸器（防毒面具）。这类器材只有当空气中含氧量不低于 18%，或有害气体体积分数不大于 2%时方可使用。其净化作用由机械过滤、吸附、化学反应和催化等过程来完成。常用的过滤式呼吸器有颗粒过滤呼吸器，气体和蒸气过滤呼吸器，以及颗粒、气体和蒸气过滤呼吸器。颗粒过滤呼吸器采用颗粒机械性过滤方法，可以有效地除去空气中的粉尘、雾气和金属粉尘等，它不能用于气体和蒸气的防护；气体和蒸气过滤呼吸器是采用化学过滤方法除去有毒气体和蒸气，其过滤器内装有浸渍催化剂的颗粒活性炭，染毒空气通过过滤器时，其中的毒物被吸附在活性炭上并与之发生化学反应；而颗粒、气体和蒸气过滤呼吸器则具有以上两种呼吸器的功能，故称通用型过滤呼吸器。过滤式呼吸器对一氧化碳进行防护时使用一次后必须丢弃，故使用时要特别注意。过滤式呼吸器的主要防护对象是常用的工业有毒物，用于防护时要依据其过滤所装吸收剂的种类来选择。在化学事故现场，如果泄漏的有毒化学品的性质不明，浓度不清，或确切的污染程度未查明，监测人员必须使用隔绝式呼吸道器材，此时使用任何过滤式呼吸器都是很危险的。

供气式呼吸器的工作原理是使人的呼吸器官与有毒空气隔绝，由器材本身供给人呼吸用的空气或氧气，亦称隔绝式呼吸器。目前有自给式供气呼吸器和非自给式供气呼吸器两大类。自给式供气呼吸器能自身供给空气和氧气，能在各种有毒气体和缺氧的环境中对使用者提供呼吸道保护。这类呼吸器有隔绝式氧气呼吸器、压缩空气呼吸器和化学生氧呼吸器等。非自给式供气呼吸器是借助软管或管路连通无污染空气源，向使用者提供洁净空气。该呼吸器结构简单，不论有毒物的种类和物理状态如何均适用。

1.5.1.2　皮肤防护器材

在化学事故应急监测过程中，监测人员有可能会接触到泄漏的化学品，此时必须使用个人皮肤防护器材。供化学品泄漏应急用的皮肤防护器材包括：隔绝式防化服、透气式防化服、防火防化服、防尘服、耐酸碱工作服、防化套靴、防护手套、防护镜、头盔和围裙等。除特殊指明的防火防化服外，其他防化服大部分是用橡胶材料制成的，只能防毒不能防火，选用时应特别注意。防护服通常分 5 类：

（1）一般工作服。可防止普通化学品、粉尘等污染皮肤，常用防水布、帆布或涂层织物制成。

（2）耐酸碱工作服。可防止强酸、强碱腐蚀皮肤，通常用耐腐蚀织物制成。

（3）隔绝式防化服。可防各类有毒有害物质，多用橡胶布制成，军品主要是用优质的丁基橡胶制成。

(4) 透气式防化服。具有良好 的防毒性能和生理舒适性，并有较好的阻燃性能。

(5) 防火防化服。主要是在执行伴有火灾的化学事故监测任务时使用。这类防化服是在服装的表层上均匀喷涂耐火材料或镀上铝保护层，能在短时间内抵御高温对人体的袭击。

1.5.2 防护器材的选定原则

在熟悉和掌握了各种防护器材的性能、结构及防护对象的情况下，选用什么样的防护器材在化学事故现场显得十分重要。一般情况下，选择防护器材时应考虑以下几方面的因素：

(1) 在事故应急救援中，泄漏有毒化学品的性质和数量，尤其要注意其毒性、腐蚀性、挥发性等。

(2) 可使用的化学防护材料（防毒、防腐蚀等）。

(3) 防化服的使用环境和有效防护时间，以及防化服是否可以重复使用。

(4) 应用的呼吸器种类（过滤式或隔绝式）。

(5) 全套防护器材对救援使用人员身体情况的要求，以及隔绝式防化服在使用中是否需冷却降温等。

1.5.3 个体防护等级配备

应急监测人员必备的安全装备包括：隔绝式防化服、呼吸道防护器材和便携式个人监测器材。这些器材合理组合和作用就构成不同防护等级的防护器材。在化学事故应急监测中，根据事故危害程度、任务要求和环境条件等因素，所确定的个人防护器材的等级称为防护等级。目前按国际惯例，通常把防护等级分为4种基本等级。

1.5.3.1 A级防护

可对周围环境中的气体与液体提供最完善的隔离保护。

防护对象：防护高蒸气压、可经皮肤吸收，或致癌和高毒性化学物；可能发生高浓度液体泼溅、接触、浸润和蒸气暴露；接触未知化学物（纯品或混合物）；有害物浓度达到IDLH浓度（立即威胁生命和健康的浓度），缺氧。

防护装备：全面罩正压空气呼吸器（SCBA，根据容量、使用者的肺活量、活动情况等确定气瓶使用时间）、全封闭气密化学防护服（为气密系统，防各类化学液体、气体渗透）、防护手套（抗化学防护手套）、防护靴（防化学防护靴）、安全帽。

1.5.3.2 B级防护

适用于环境中的有毒气体（或蒸气）或其他物质对皮肤危害不严重的环境。

防护对象：为已知的气态毒性化学物质，能通过皮肤吸收或造成呼吸道危害，达到 IDLH 浓度，缺氧。

防护装备：SCBA（确定防护时间）、头罩式化学防护服（非气密性，防化学液体渗透）、防护手套（抗化学防护手套）、防护靴（防化学防护靴）、安全帽。

1.5.3.3　C 级防护

适用于低浓度污染环境或现场支持作业区域。

防护对象：非皮肤吸收有毒物，毒物种类和浓度已知，浓度低于 IDLH 浓度，不缺氧。

防护装备：空气过滤式呼吸防护用品（正压或负压系统，选择性空气过滤，适合特定的防护对象和危害等级）、头罩式化学防护服（隔离颗粒物、少量液体喷溅）、防护手套（防化学液体渗透）、防护靴（防化学液体渗透）。

1.5.3.4　D 级防护

防护对象：适用于现场支持性作业人员。

防护装备：衣裤相连的工作服或其他普通工作服、靴子及手套。

1.5.4　应急监测人员防护原则

选用合适的防护等级，是应急监测人员在使用个人防护器材时保持体力和工作能力，顺利完成应急监测任务的重要保障。不同类型的化学事故其危险程度可能有较大的差异，而有毒化学品的种类不同，对监测人员的危害也各异。有的化学事故可能要求监测人员使用呼吸道防护器材或必须进行全身防护；依据执行任务的不同，又可能仅要求监测人员局部保护身体（如手、脚等）或全身防护。当应急监测人员对化学事故可能产生的危害程度有了明确的估计后，即可确定所需采取的防护等级，一般遵循以下原则。

1.5.4.1　一级防护

适用于进入有毒化学物品泄漏区域内进行调查、采样的工作人员；不明毒源的事件现场救援者。

采用 A 级防护。工作人员须穿着全面罩正压式呼吸器或全封闭化学防护服，佩戴防护手套、防护靴和安全帽。

1.5.4.2　二级防护

适用于在有毒化学物品泄漏区域内或附近应急车辆中进行样品检测的工作人员和司机。

采用 B 级防护。工作人员须穿着全面罩正压式呼吸器或头罩式化学防护服，佩戴防护手套，穿防护靴。

1.5.4.3 三级防护

适用于在有毒化学物品泄漏区域外的指挥员和保障工作人员。

采用C级防护。工作人员须佩戴空气过滤式呼吸防护用品，佩戴防护手套、穿防护靴。

工作场所内严禁吸烟、进食和饮水。工作完毕，沐浴更衣。

第2章　国内外应急监测技术研究进展

近年来，随着全球社会经济的快速发展，工业化、城镇化的进程加快，突发环境事件步入高发期，尤其是突发性水污染事故，不仅造成巨大的经济损失，而且造成严重的生态破坏和社会恐慌，其危害程度不断增大。西方发达国家开始工业革命的时间较早，环境问题亦曾突出，但经过有效的治理，其水环境事故的发生率普遍下降。环境污染事件具有突发性和危害严重性的特点，环境污染事件发生后，能否快速进行应急监测，发现和查明环境污染情况，显得尤为重要。

环境应急监测是事故应急处理的一个重要的基础内容，对于防范突发性环境污染事故，在事前预防、事中检测和事后恢复的各个过程中均起着重要的作用。只有通过应急监测，才能为事故处理决策部门快速、准确地提供引起事故发生的污染物质类别、浓度分布、影响范围及发展态势等现场动态资料信息，为事故快速、正确的处置决策赢得宝贵的时间，为有效地控制污染范围、缩短事故持续时间、将事故的损失减到最小提供有力的技术支持。

2.1　国内外应急监测情况

2.1.1　国外应急监测基本情况

西方发达国家由于对环境保护认识较早，其环境应急监测也很早就得到重视。1979年，美国就成立了联邦紧急事故管理署（FEMA），负责紧急事故的准备、应对及事后重建和修复。美国国家环境保护局（USEPA）也发布了“化学品事故排放风险管理计划”。1989年，联合国环境规划署提出了“地方紧急事故意识和准备计划”（即APELL计划），该计划旨在提高公众对环境污染事故的了解和认识，帮助他们应对环境紧急事件。欧洲也有污染事故管理条例，涉及环境、工业、农业、金融、教育等诸多领域，并强调要对造成污染事故的责任方实行经济制裁。英国、法国、西班牙、意大利、俄罗斯、加拿大等国家均设有环境应急机构和系统。为了对环境管理提供技术支持，这些国家研究开发了大量的应急监测技术和方法，并建立了多种以数学计算为基础的事故处理模型和仿真系统，使环境污染事故的管理制度化、定量化。国外的应急监测仪器种类繁多，有快速检测管、检测箱和便携式监测仪等。检测管和检测箱是在应急监测早期使用的产品。现在大多数国家已进入便携式现场监测仪器的发展阶段。随着电子工业的发展，分析仪器小型化成为可能。发达国家生产的现场分析仪器体积小、重量轻、分析速度快、操作简便，性能指标接近或达到实验室台式分析仪器的水平，而能源和溶剂的消耗却大大减少。现场分析仪器实现了对污染源的连续监控，使区域环境污染的网络监测成为可能。目前，国外利用便携式仪器进行环境常规污染物如CO、NO、COD等指标的监测方法早已成熟，便携式气相色谱仪作为现场分析仪器也已使用多年。最近，在常用的氢火焰检测器、电子捕获检测器、光离子化检测器的基础上，又出现了声表面波检测器（SAW），这种智能化的传感器可以通过“训练”，像人的鼻子一样辨别出不同的气味，又称“电子鼻”，它与快速色谱技术联用，可以对气体样品进行快速的采集和分析。另外，实验室的样品前处理设施也正在逐渐趋于小型化，并用于野外分析。

2.1.2 国内应急监测基本情况

与国外的发达国家相比较，我国的环境应急监测相对落后。早些年，国家一味地追求经济的快速发展，而忽略了对环境造成的污染，导致污染的问题日渐严重，进而引起了国家相关部门的极大关注，并意识到环保的重要性。我国于1995年12月在北京召开了“全国突发性环境污染事故应急监测‘九五’规划”研究会，要求将应急监测作为一项重要任务提到议事日程。原国家环境保护总局于2002年成了环境应急事故调查中心，指示要建设既能应对突发性环境污染事故实施统一协调、现场快速监测和应急处理，又能对污染隐患进行监控和警告的应急响应系统。全国监测站迅速响应，纷纷开展应急监测技术开发工作，有的单位还配备了应急监测车。经过多年的努力，我国在环境应急监测技术方面也取得了很大的进步，国家和地方环境应急部门储备了一大批专业技术人才，配备了较为先进的仪器设备，掌握了一系列应对各种突发污染事故的应急监测技术和方法。

2.2 应急监测标准体系研究

现阶段，环境监测作为具有基础特性的公益事业，已经成为影响全球国民经济发展和社会进步的重要内容，建立先进的环境监测预警体系，也已经成为大时代背景下，环境保护发展的必然趋势。

应急监测标准体系一般包括应急监测预案编制导则、应急监测方法标准规范、应急监测设备维护导则、应急监测质量控制和控制技术体系。

2.2.1　国外应急监测标准体系现状

西方发达国家由于比较早就重视环保问题，具有比较完善的应急监测系统，以美国为例加以说明。

2.2.1.1　健全的环境应急法律法规

美国从联邦到州、郡（县）、市各级地方政府都具备比较完善、细化的环保法律、法规，通过完善的和可操作性的环保法案来规范和制约企业、公民的行为。美国的法律体系以联邦法、联邦条例、行政命令、应急预案、规程和标准为主体。各州、郡、市政府根据各自实际情况分别出台严于联邦法律的地方性法规，各职能部门也制定了各种有关政府应急预案和企业应急预案编制的指导性文件。在规程和标准方面，美国环保署每隔几年修订针对危险物品或有毒材料运输事故初期的响应手册《Emergency Response Guidebook》。同时，各环保法案着重强调处罚和执行。由于“守法成本低、违法成本高”，企业法人和公民相对自觉遵守环保法律，由于故意违法偷排引发的环境污染事故、纠纷相对较少。

2.2.1.2　合理的环境应急体制

美国的国家应急响应系统包括国家响应中心、国家响应队伍、地区响应队伍及联邦现场应急协调员等。联邦国土安全部下辖的联邦应急管理局作为应急响应的领导部门，统一指挥环保署、移民局、海岸警卫队等 22 个部门的应急机构。经总统授权在全国共聘有 365 名现场协调员，负责协调、指导突发环境事件现场处置工作。事件发生时，各级应急反应机构听从现场协调员的统一指挥。美国各级地方政府均建立和具备完善的、统一的、联网的应急指挥系统，各类应急资源由每级政府的应急指挥系统统一调度和指挥，同时，按照有关法案和不同的应急事件启动相应的应急预案，调动相应的应急资源。

2.2.1.3　完备的环境应急机制

包括健全的宣传培训机制、预警预测机制、风险管理机制、应急处置机制、部门协调机制、信息发布机制和生态恢复机制。

（1）宣传培训机制

每个环境管理部门或应急部门、社会教育管理部门都是一个重要的宣传培训组成部门，负责对社会群众进行应急知识的宣传教育和培训。注重对各级政府应急管理员和各级应急运行中心的工作人员的应急培训，并对企业管理层和操作人员实施定期培训。

（2）预警预测机制

通过制定各种环境应急预案进行源头预警和程序预警，并通过演练提高处置和预测能力。开发社区警告系统进行自我防范和及时避险，工业企业与媒体建立合作关系，通过广播电视系统、计算机网络、书面通知等信息手段告知社区公众紧急事故的发生与防范。

(3) 风险管理机制

美国法律规定存在环境风险的企业在生产、运输、储存、处理有毒有害物品之前，必须交纳突发环境事件责任保险金，将物品的种类、有害程度、处理方法等向当地政府、环保部门以及周边居民告知方可实施。并且每月将排放物的数量、种类、浓度等检测报告报送当地环保部门，同时向各级应急委员会汇报。环保部门每次对风险企业例行检查后，检查报告在互联网对公众发布。

(4) 应急处置机制

在美国一旦发生突发环境事件，应急处置工作一般是由肇事企业来完成的。如果企业无法完成，由现场协调员指定一些有资质的私营公司进行污染现场的处置，肇事企业支付的处置费用3倍于企业自己处置的费用。环保部门也可以负责污染现场的清洁处理，处理费用将从相关的污染企业收回。同时，对责任者采取按日处罚措施。

(5) 部门协调机制

美国将应急工作细分为交通、通信、大规模救护、卫生医疗服务、有害物质处理等12个职能。每个职能由特定机构领导，在应急指挥中心都有指挥席，遇到不同灾难及紧急事件时，可视情况启动全部或部分职能。当负责机构不明确时，由当地政府最高领导指定机构负责指挥。

(6) 信息发布机制

各级政府应急管理部门均指定经过专门培训的新闻发言人，突发性环境污染事件发生后，所有信息必须统一由新闻发言人及时发布。发生应急事件时不能禁止记者进入事发现场和自由发表言论，但如果新闻报道可能会影响到救援工作时，只能选派一名记者进入事发现场。

(7) 生态恢复机制

事件发生后，生态修复工作主要由肇事者承担。由法院决定肇事者出资额度，并确定第三方负责生态修复工作。在找不到肇事者的情况下，由各种基金负担。

2.2.1.4 快速过硬的监测手段和充足的应急储备

美国各级环保部门具备较为高端的监测技术，配备了各类先进的常规和特征污染物采样、监测仪器，为突发性环境污染事件处置提供了技术支撑。美国邦联环保署在每个州都设有几个具备规模的环境应急物质储备仓库，包括应急指挥车辆，空气、水质、固体废物、辐射等多方面的快速检测仪器，应急防化服装备等，并配备专人负责日常管理、维护。在地方政府环境应急物质不足的情况下，联邦环保署环境应急物质储备仓库可及时调度，实行支援和补给。

2.2.2　国内应急监测标准体系现状

近年来，随着我国对生态环境越来越重视，应急监测相关技术规范及标准也相继出台。为贯彻《中华人民共和国环境保护法》《中华人民共和国水污染防治法》《中华人民共和国大气污染防治法》和《中华人民共和国固体废物污染环境防治法》，防止环境污染，改善环境质量，规范突发环境事件应急监测，我国于 2010 年颁布了《突发环境事件应急监测技术规范》（HJ 589—2010），该技术规范规定了突发环境事件应急监测的布点与采样、监测项目与相应的现场监测和实验室监测分析方法、监测数据的处理与上报、监测的质量保证等技术要求。2017 年，又相继出台多个应急监测分析标准，主要涉及环境空气有毒有害气体监测，包括《环境空气 氯气等有毒有害气体的应急监测 比长式检测管法》（HJ 871—2017）、《环境空气 氯气等有毒有害气体的应急监测 电化学传感器法》（HJ 872—2017）和《环境空气 无机有害气体的应急监测 便携式傅里叶红外仪法》（HJ 920—2017）。具体监测介质、监测因子和监测方法见表 2.1。

表 2.1　应急监测分析标准

标准号	标准名称	监测介质	监测因子	监测方法
HJ 871—2017	环境空气 氯气等有毒有害气体的应急监测 比长式检测管法	环境空气	氯气、一氧化碳、硫化氢、氰化氢、光气、氟化氢、氨气、甲醛、苯乙烯、砷化氢、臭氧、二氧化硫、氮氧化物、苯、甲苯	比长式检测管法
HJ 872—2017	环境空气 氯气等有毒有害气体的应急监测 电化学传感器法	环境空气	氯气、硫化氢、氯化氢、一氧化碳、氰化氢、光气、氟化氢、氨气、二氧化硫	电化学传感器法
HJ 919—2017	环境空气 挥发性有机物的测定 便携式傅里叶红外仪法	环境空气	丙烷、乙烯、丙烯、乙炔、苯、甲苯、乙苯、苯乙烯	便携式傅里叶红外仪法
HJ 920—2017	环境空气 无机有害气体的应急监测 便携式傅里叶红外仪法	环境空气	一氧化碳、二氧化氮、二氧化硫、二氧化碳、氯化氢、氰化氢、氟化氢、一氧化二氮	便携式傅里叶红外仪法
HJ 925—2017	便携式溶解氧测定仪技术要求及检测方法	水质	溶解氧	便携式溶解氧测定仪
HJ 1011—2018	环境空气和废气 挥发性有机物组分便携式傅里叶红外监测仪技术要求及检测方法	环境空气和废气	甲烷、乙烷、乙烯、丙烯、乙炔、苯、甲苯、乙苯、苯乙烯气、苯、甲苯、二甲苯	便携式傅里叶红外

尽管应急监测分析标准已陆续出台，但仍很不完善。目前，国内出台的应急监测分析标准主要集中于环境空气及废气类监测，且主要用于监测有机气体。突发性环境污染事件由于其不可控因素多，突发，难以预测，并且污染物种类繁多，因此，建立完备的应急监测标准体系很有必要。

2.3 应急监测技术方法研究

随着环境污染事故对监测技术需求的日益迫切，应急监测分析技术也相应得到了快速发展，特别是现场应急监测技术越来越成熟和市场化。

2.3.1 无人机遥感技术

无人机遥感技术是利用先进的无人驾驶飞行器技术、遥感传感器监测技术、遥测遥控技术、通信技术、机载仪器技术和 GPS 差分定位技术，具有智能化、自动化、专用化，快速获取地形地势、污染空间分布和环境质量监测数据等空间遥感信息，完成遥感监测数据处理、污染扩散模型的建设和应急指挥应用分析的应用技术。

无人机作为新兴的科技产品经过近几年市场的考验和优化，越来越具备高灵活性和高扩展性。无人机遥感技术已广泛应用于环境监测领域。

2.3.1.1 用于监测大气环境

葛红霞报道的《大气污染事故中无人机监测应用研究》中指出，无人机已成功应用于辽阳市突发性重大环境污染事故中，建立了无人机监控应急集成系统，构建了水、陆、空全方位立体式移动型环境监测技术。在大气环境监测方面，无人机遥感技术主要用来监测恶臭、温度、二氧化氮、粒子浓度以及湿度等指标。此外，还能利用无人机搭乘采样器在空气中采集样品，然后运送到实验室中由相关的工作人员对空气中的样品进行检测和分析。

2.3.1.2 在环境应急情况下的应用

若某个地区突然发生某种环境污染事件，但是情况比较危险，交通也不便利，导致应急处理人员无法立即赶到现场。那么，在这个时候，可以利用无人机遥感技术查看环境污染事故现场或检测周边环境的敏感情况，从而了解环境污染事故的进展，为之后环境保护决策的制定提供准确的事实依据。这样在一定程度上既保障了应急处理人员的安全，降低了应急工作人员在环境污染事故现场的工作难度，也为环境应急管理提供了相应的技术支持。

2.3.1.3　用于检测水环境

在环境比较复杂的污染水面区域，由于污染水域面积小且污染类型繁多，若是采用人工监测，那么具体的工作开展起来不仅比较麻烦，而且也无法达到相应的数据精度，这个时候就可以借助无人机遥感技术来实现水环境的监测。在水环境监测中，无人机遥感技术的使用主要借助无人机搭乘的多光谱成像仪来针对水环境的实际情况相应产生的多光谱图像，然后通过对多光谱图像的分析，以了解水中悬浮物、透明度等水质的实际状况。

2.3.1.4　用于监测生态环境

目前，无人机遥感技术主要采用数码相机或者红外扫描仪等光谱类设备获得相应的遥感图像，然后通过地面控制系统、数据后处理系统等来对所获取的数据进行拼接和处理，从而实现生态环境指标的监测。无人机遥感技术主要用于自然灾害的监测以及森林资源的调查等方面。

无人机的应用，不仅可以提高环境监测的效率，减少人力劳动和能源的浪费，还能弥补传统手段的缺陷，提高环境监测的自动化、精确化和信息化水平。与其他监测技术相比，无人机遥感监测技术的应用，可以不受污染物的毒害作用影响以及污染地区地形条件的限制，可以在污染应急事故发生的第一时间，快速到达事故中心现场获得第一手数据资料，这一优势是传统监测车无法比拟的。通过对无人机环境污染事故航空遥感监测技术的灵活应用，能够为环境污染事件后续处理工作的开展提供最基础、最精准也是最及时的数据资料。

2.3.2　无人船监测技术

无人船监测技术是一种水生态保护和应急监管的新型手段，它依托于遥感导航水质分析平台，预先设定好监测点位和监测时间，通过搭载自动采样监测设备，将获得的即时数据传回基站备份，整个流程完全自动化，减少了载人船传送样品和数据的时间，降低了获得数据的成本。无人船的主体机构是自动导航和监测系统，相对于载人船少了驾驶室、人员休息区、样品收集区等，船体变得更轻、更小，所需燃料更少，节省了油耗能源，减少了碳的排放，更符合国家倡导的生态环保大趋势。

目前，国外很多国家，如美国、葡萄牙、韩国等，已经利用无人船作为载体，配置水质监测仪器，实现基于无人船的水环境监测。国内一些学校与企业在基于无人船的水环境监测研究方面也进行了研究探索工作。比如中国西北工业大学学生设计的“ORCA 船”是小型水面环保船，设想通过无人船来清理水面垃圾、减少污染，以解决这一城市污染问题。再比如云州公司开发的云州无人船，作为可搭载多样仪器设备的无人智能平台，已经成功应用于我国水环境日常采样监测、污染源追踪、排污安管、环境应急等环保工作。

基于无人船的水质监测，具备采样快、可迅速处理应急事件、可在多样性水域环境下进行取点采样、数据实时传输反馈等特点，极大提升了监测效率，降低了工作强度、风险系数以及投入成本。尽管目前无人船用于水质监测还处于探索阶段，存在诸多不完善的地方，但这是大势所趋。

在2019年首届中国水环境发展论坛上，大连海事大学无人船研究院王国峰院长指出，水质监测对无人船也有一定的要求，比如船体尺寸应较小、重量轻，具有抗撞击、抗风浪能力，便于运输与吊装，具备较高的寻迹精度和定位精度，具备航行环境智能感知能力、遥控、自主航行能力和避碰能力，具有较强的即时通信能力，以及需要岸基支援系统等。

当然，也需要正视当前无人船用于水质监测存在的问题，主要体现在船行环境感知技术、避碰决策、通信受限、自主能力以及定位精度等方面。

不管怎样，以无人船为移动载体，通过全天候、全覆盖、高频次采集的水质、流速流量、水深、污染源分布等数据，实现从点源到面源的数据监测，数据量得到若干倍提升，有效弥补了现有监测手段“覆盖面不全，建设成本巨大”等不足。

伴随时代与技术的发展，传统的监测方式已经开始慢慢被新型技术取代，而且这种技术的更新换代是必然的，必将更加有利于对环境的监测和保护。

2.3.3 雷达监测技术

激光雷达是1962年问世的，是一种通过探测远距离目标的散射光特性来获取目标相关信息的光学遥感技术，具有高测量精度、精细的时间和空间分辨率以及大的探测距离等优势。激光雷达作为一种新型遥感技术，是传统雷达技术与现代激光技术相结合的产物，被广泛应用在军事工程、国民经济、环境监测等领域中。

激光雷达遥测环境污染物质是利用测定激光与监测对象作用后发生散射、发射、吸收等现象来实现的，可用于大气污染分布的监测、大气污染成分的监测、气象要素的监测，以及路面状况的监测。

2.3.3.1 大气污染分布的监测

激光雷达可用于大气污染物分布的监测。在低空中存留的大量气溶胶是形成大气污染的主要原因。当空气中的漂浮粒子与激光雷达发射出的激光发生反应后会产生散射现象，并且入射光的波长和漂浮粒子的尺度为同等数量级别，而波长的一次方与散射系数成反比，根据这一特点，米氏散射激光雷达可以对气溶胶浓度、空间分布及可见度进行测定。

2.3.3.2 大气成分的监测

利用气体分子使激光被吸收及其被大气分子、气溶胶的后向散射两方面的作用效果来对差分吸收激光雷达进行合理设置，其主要功能是测定大气中臭氧、水蒸气和大气污染的空间浓度及分布情况等。其测量的原理是让激光雷达发射两种不同波长的光，将其中一种波长调至和待测物体收纳的波段里，而将另一种波长调至吸收系数小的边翼，然后用高重复的频率把这两种波长进行交替发射到大气，分析这两种波长的回波信号就可以获取测量对象的浓度分布。

2.3.3.3　气象要素的监测

激光雷达在气象方面也有广泛的应用，可进行主要因素的观察，主要是针对大气中风速、气温以及湿度等相关的气象因素进行测量。对风的探测主要为风向和风速，一般水平风向的精度能在 5°以内，而水平风速的精度在 1 m/s 以内。在进行气温测量时，通常采用差分吸收激光雷达进行探测。激光雷达还可以对大气溶胶、晴空湍流及雷暴强度进行探测，这些能够为气象预测提供有力的数据支持。

2.3.3.4　路面状况的监测

激光雷达还能对路面状况进行监测，如路面的凹凸程度，路面是否存在积雪、冰层或雨水等。在重要的交通路段或者高速公路，采用小型或微型激光雷达进行监测，不仅能使公路交通得到科学有效的管理，同时也保证了交通安全，可以积极应对突发事故，减少一定的损失。

2.3.4　现场应急监测技术

随着环境污染事件对监测技术的迫切需求，现场应急监测分析技术也相应得到了快速发展，目前现场应急监测较为常见的技术主要有：①检测管技术，包括气体检测管、水质检测管等；②试剂盒（试纸）技术，包括化学显色试剂盒（试纸）、免疫试剂盒及微生物试剂盒等；③便携式光谱仪技术，包括便携式紫外-可见吸收技术、便携式红外光谱仪技术；④便携式电化学仪技术，如便携式溶出伏安仪技术；⑤便携式色谱、质谱仪技术，包括便携式气相色谱仪技术、便携式气相质谱仪技术和便携式气质联用技术；⑥便携式辐射仪技术，包括 X、γ 射线检测仪技术，便携式伽马能谱仪技术；⑦车载应急车，将监测设备安装在应急车上，达到移动监测的目的。上述技术中便携式红外光谱监测技术，便携式生物综合毒性监测技术，便携式气相色谱、质谱仪技术是当前研究热点。

2.3.5　实验室应急监测技术

现有的实验室监测方法均可用作实验室应急监测，如分光光度法、离子色谱法、气相色谱法、气相色谱-质谱法、液相色谱法、液相色谱-质谱法、原子吸收法、原子荧光法、冷原子吸收法、直接测汞法、电感耦合等离子体发射光谱法、电感耦合等离子体质谱法、X-射线荧光光谱法等。

2.3.6 应急监测质控技术研究

应急监测质控技术体系是对整个应急监测过程实行全面质量管理，保证应急监测数据正确可靠的全部活动和措施，是为事故处理决策部门准确提供监测信息的前提。应急监测质控技术目前也基本上参照实验室质量控制体系管理，各地应急监测部门按照自己的经验做法来管理应急监测质量，缺乏国家层面上的应急监测标准和规范。

2.3.7 环境信息技术

环境信息技术是将现代信息科学技术和理论应用到具体的污染防治过程中，在突发环境污染事故发生时，能够准确、迅速地获得事故信息，便于制定更加科学、易操作的应急预案，保障应急监测工作的高效，缩短事故持续时间，降低事故造成的损失。环境信息技术主要包括数据库管理技术、3S技术和3G无线音视频传输技术。

数据库管理技术：在制定突发环境污染应急预案时，可根据数据库管理技术来掌握应急相关信息，通过风险源基础信息与事故信息的比对，查找可能造成或影响本次应急事故处置工作的风险源，并对其进行监控，可为应急指挥中心提供有效的依据。应急数据库一般包括物质特性库、企业数据库、敏感目标库、应急指挥实例数据库和应急资源库等。

3S技术：是地理信息系统（GIS）、遥感技术（RS）和全球定位系统（GPS）的统称。GIS技术能够准确迅速地定位环境敏感点；RS技术可以提供实时、快速的应急事故现场及周边环境的几何与物理信息及各种变化参数；GPS技术可以实现事故现场、敏感点和监测点的精准定位，从空间角度分析事故的影响范围。

3G无线音视频传输技术：是一种新型的信息技术手段，由3G终端和多媒体综合监测平台组成。具有覆盖广、便携性、安全性和实用性等特点，可以实现远程监控和指挥，有效提高应急响应速度。

2.3.8 应急监测分析方法选择

为迅速查明突发环境事件污染物的种类（或名称）、污染程度和范围，以及污染发展趋势，应在已有调查资料的基础上，充分利用现场快速监测方法和实验室现有的分析方法进行鉴别、确认。

为快速监测突发环境事件的污染物，首先可采用如下的快速监测方法：

（1）检测试纸、快速检测管和便携式监测仪等监测方法。

（2）现有的空气自动监测站、水质自动监测站和污染物在线监测系统等在用的监测方法。

（3）现行实验室分析方法。从速送实验室进行确定、鉴别，实验室应优先采用国家环境保护标准或行业标准。

当上述分析方法不能满足要求时，可根据各地具体情况和仪器设备条件，选用适宜方法，如 ISO、美国 EPA、日本 JPS 等外国分析方法。

第3章　应急监测典型案例分析

3.1　重金属类

3.1.1　赣湘两省萍水河（渌江河）交界断面铊浓度异常事件

3.1.1.1　事件基本情况

2018年7月底，针对三刀石（江西省境内称萍水河）断面饮用水水源地水质进行109项指标全分析时发现铊超标情况，湖南省生态环境部门对渌江河排查，确认渌江河干流金鱼石省界断面和渌江河支流新龙江（湖南境内）老关小河（江西省境内）省界断面铊浓度偏高，并致函江西省生态环境部门。经污染源排查，确定萍乡萍钢安源钢铁有限公司（以下简称萍安钢公司）和萍乡宝海锌营养科技有限公司（以下简称宝海公司）为肇事企业，原江西省环境保护厅应急中心将相关情况向省政府应急办和生态环境部应急中心报告，并启动突发环境事件应急预案，派出工作组连夜赶赴萍乡指导应急工作。生态环境部分别于7月31日、8月2日向原江西省和湖南省环境保护厅下达《关于湘赣两省交界区域渌江河铊浓度超标事件的督查通知》，要求赣湘两省全力处置应对，确保人民群众饮水安全。8月3日，生态环境部工作组到达萍乡。8月7日，新龙江老关小河省界断面断流，经赣湘两省共同确认后停止采样。8月15日，三刀石饮用水水源地铊浓度恢复正常。8月21日，生态环境部工作组召开事件应急处置总结会，应急响应终止。

3.1.1.2　事件应对情况

在生态环境部应急工作组的指导协调下，赣湘两省相关地方政府和部门密切配合、协同应对，经过共同努力，有效控制了事态的发展。

（1）各部门响应情况。事件发生后，生态环境部原部长李干杰同志立即召开专题会，派出前方工作组并迅速向地方传达韩正副总理的重要批示精神，同时增派专家赶赴现场，围绕保障醴陵市自来水厂安全供水、尽快实现水源地铊浓度达标的工作目标，指导、协助和督促地方开展应急处置。其间，原部长李干杰同志多次听取汇报，作出指示。两省省委、省政府主要负责同志第一时间做出批示，江西省主要领导带队赶赴现场督导应急工作，先后启动突发环境事件Ⅱ级响应。生态环境部工作组协调两省成立联合指挥部，株洲市、萍乡市各负其责，两省联合监测，互通信息，共同应对。事件处置过程中，指挥部先后召开10余次调度会，发布应急指令40余条，有力指挥了整个事件应对。

原湖南省环境保护厅及时启动突发环境事件应急预案，成立了“赣湘两省交界断面铊浓度异常事件”应急指挥部，原湖南省环境保护厅领导同志带领由省环监局、监测站、环科院、固管中心等单位10余位专家组成的工作组赶赴萍乡，协助、指导当地开展应急处置工作。同时，原湖南省环境保护厅及时转发生态环境部应急督查通知，要求执行从严的水质标准，加大排查力度，加密监测频次，妥善应对水质异常情况。萍乡市委、市政府按照省委、省政府和生态环境部要求，启动了处置突发环境事件Ⅱ级响应，成立由分管副市长任现场总指挥，环保、水利、公安、交通等部门负责人为成员的指挥部，为应急处置工作提供了组织保证。

（2）污染物处置情况。采取断源、截污、导流、调水、降污等多项措施全力控污治污。在对老关小河进行截流，彻底阻断宝海公司污染物扩散通道的基础上，综合施策切断萍安钢公司的污染物扩散通道。一是责令企业停产停排，要求萍安钢公司将安源厂区生活污水明渠改为封闭污水管道，专管输送公司上游生活污水，并要求两个生产区的污水处理厂停止排水；二是对流经萍安钢公司安源生产区的光明小区生活污水进行改道，暂交安源生产区污水处理厂处理，并对安源生产区原料堆场旁的排水渠进行封堵；三是对安源生产区污染物扩散通道白源小河实施上游筑坝引流、下游污染河段重点清淤；四是对萍安钢公司湘东生产区污染物扩散通道日星小河进行截流并清淤。此外，还要求城镇污水处理厂加大脱泥排泥量，降低外排水中铊浓度。多措并举，有效控制了新增铊污染物进入萍水河。

生态环境部指导萍乡市在受污染的白源小河建设4座临时坝、日星小河建设3座临时坝、老关小河建设5座临时坝，实施筑坝拦污，在临时坝前建设活性炭吸附坝，对铊进行吸附。日星小河、老关小河先后断流，至8月12日完成河道污水回抽及底泥清除；8月10日白源小河完成上游分流、下游截污，流量减少一半，污染逐渐得到控制。

（3）涉事企业处置情况。7月23日、8月4日，湘东区环保局、萍乡市环保局分别责令宝海公司、萍安钢公司停产整顿。当地环保部门分别向两家涉事企业下达了20万元、120万元行政处罚事先（听证）告知书和责令改正违法行为决定书，并将萍安钢公司环境违法案件移送公安机关。

3.1.1.3 事件原因分析

（1）河流本底值的作用。两家肇事企业长期通过上述途径向受纳水体（白源小河、日星小河、老关小河）排放含铊污染物，导致含铊物质沉降富集于河流底泥并持续释放，受纳水体中形成相对稳定的铊浓度本底值。2018 年 4 月 9 日，湖南省醴陵市环保局对三刀石饮用水水源地进行水质监测时铊浓度为 0.07 μg/L，说明河流铊本底值已对下游三刀石饮用水水源地水质产生了影响。据专家测算，此次事件中，河流铊本底值对铊污染物总量的贡献率为 38%。

（2）新增污染物的叠加。2018 年 6 月以来，萍安钢公司在厂区内违法堆存瓦斯灰，部分瓦斯灰随车辆清洗水、路面冲洗水及临时堆场的淋溶雨水进入外环境，在本底值的基础上，又叠加了大量的新增含铊污染物。尤其是安源生产区，光明小区生活污水排放渠汇入白源小河处，铊浓度高达 43.5 μg/L，白源小河入萍水河口处铊浓度高达 15.6 μg/L，对下游水质造成了严重影响。据专家测算，新增铊污染物对此次事件的铊污染物总量贡献率为 62%。宝海公司使用含铊物料提炼锌，部分含铊废水外排造成污染，对此次事件也有一定影响。

（3）干旱因素的影响。2018 年萍乡遭遇 50 年一遇的旱情，降雨量严重偏少，萍水河流量小，水环境容量大幅降低。水文资料显示，2018 年 1 至 7 月份，萍水河月均流量均小于 2017 年，其中 6、7 月份仅为 2017 年同期的 18.6%和 22.9%。经专家测算，如将事件发生过程中的铊排放量与 2017 年同期水文数据结合计算，三刀石饮用水水源地铊浓度将小于 0.03 μg/L。

综上所述，此次事件的发生是新增铊污染物与河流本底值叠加，加上 50 年一遇的旱情综合作用的结果。

3.1.1.4 应急监测方案

（1）监测项目

本次应急监测事件是一起因肇事企业对危险废物（瓦斯灰）管理不善，导致含铊污染物进入受纳水体，引发下游饮用水水源地铊浓度超标的突发环境事件。在监测特征污染物铊的同时，初期加测锰和镉等指标。结果表明，锰存在一定程度的超标，而镉虽有检出，但都不超标。

（2）监测分析方法及监测仪器

表 3.1 监测分析方法及监测仪器

序号	检测参数	依据标准	分析方法	监测仪器
1	镉	HJ 700—2014	电感耦合等离子体质谱法	ICP-MS
		GB/T 7475—1987	原子吸收分光光度法	原子吸收分光光度计

续表

序号	检测参数	依据标准	分析方法	监测仪器
2	锰	HJ 700—2014	电感耦合等离子体质谱法	ICP-MS
		GB 11911—1989	火焰原子吸收分光光度法	原子吸收分光光度计
3	铊	HJ 700—2014	电感耦合等离子体质谱法	ICP-MS

（3）监测内容（断面布设、监测频次、评价标准及方法）

根据加密监测和排查情况，应急监测初期（8 月 2 日起）执行在原湖南省环境保护厅应急指挥中心的统一调度下制定的应急监测方案。对位于渌江流域上的金鱼石、新龙江、三刀石等 6 个断面实施连续加密监测，其中包括 2 个省界交界断面（金鱼石、新龙江）、2 个县级集中式饮用水水源地断面（三刀石、株洲县自来水）、1 个县界交界断面（仙井）、1 个河流交界断面（渌江入河口）。监测点位信息表见表 3.2，断面分布图见图 3.1。本次应急监测主要监测特征污染物铊，应急初期加测锰和镉等指标。结果表明，锰存在一定程度的超标，而镉虽有检出，但都不超标，评价标准如表 3.3 所示。据此确定新龙江、金鱼石、三刀石等 3 个断面上午和下午各监测一次，仙井、株洲县自来水、渌江入河口等 3 个断面下午监测一次。在应急监测中后期，根据实际监测结果及现场情况，多次调整监测频次。

表 3.2　监测点位信息表

断面性质	断面名称	所在河流	地理信息	
地表水（省界，赣-湘）	新龙江	新龙江	E113°36′2″	N27°38′12″
地表水	楚同桥（新龙江中游）	新龙江	E113°35′9″	N27°37′57″
地表水	新龙江入渌江口	新龙江	E113°36′2″	N27°40′427″
地表水断面（省界，赣-湘）	金鱼石	渌江	E113°39′33″	N27°40′49″
饮用水断面（醴陵市）	三刀石	渌江	E113°30′20.02″	N27°39′51.93″
地表水（县界，醴陵-株洲县）	仙井	渌江	E113°13′26.40″	N27°41′15.15″
饮用水（株洲县）	株洲县自来水厂	渌江	E113°08′38.115″	N27°42′03.40″
地表水（渌江与湘江交界）	渌江入河口	渌江	E113°07′43.30″	N27°41′33.61″

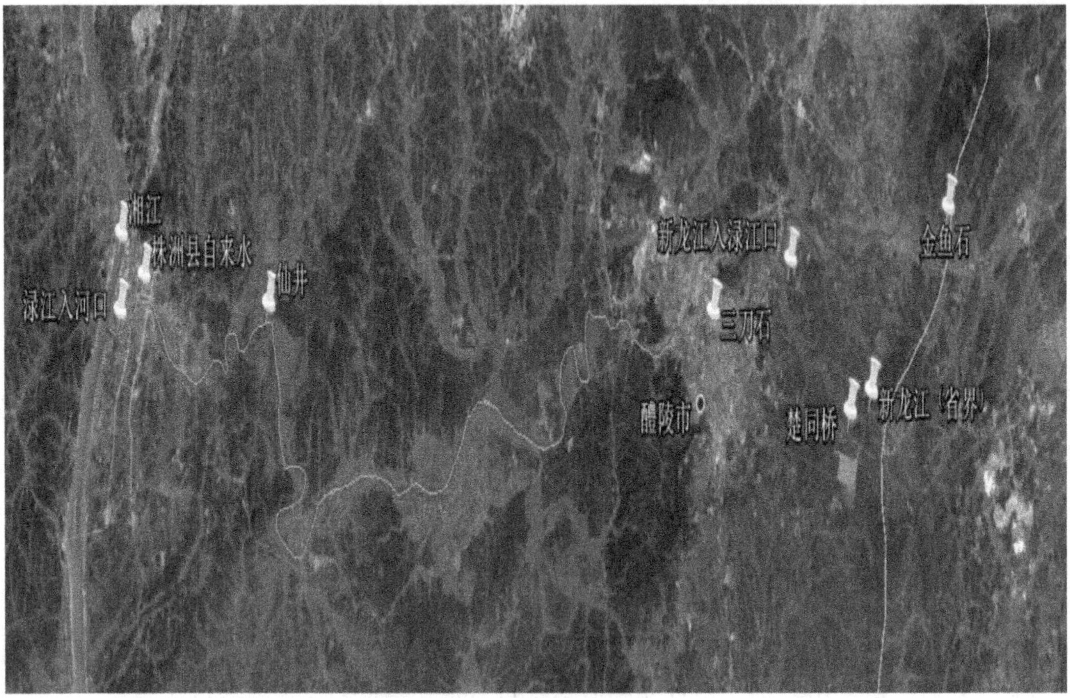

图 3.1　监测断面分布图

表 3.3　监测项目评价标准

评价标准	铊浓度/(mg/L)	锰浓度/(mg/L)	镉浓度/(mg/L)
GB 3838—2002 地表水环境质量标准	≤0.000 1	≤0.1	≤0.005
GB 5749—2006 生活饮用水卫生标准	≤0.000 1	≤0.1	≤0.005

（4）质量保证措施

（a）地表水监测按照《地表水和污水监测技术规范》（HJ/T 91—2002）、《水质样品的保存和管理技术规定》（HJ 493—2009）等技术规范进行；

（b）现场采样和实验室分析人员持证上岗；

（c）采用实验室内平行样、实验室内空白样、标准样品考核、加标回收、样品复测、标准曲线校核等有效的质控方式保证监测质量；

（d）监测数据、结果实行三级审核；

（e）采样原始记录、分析原始记录等信息完全并有相关人员签字；

（f）为确保数据可比，与江西协商确定此次样品现场采样不静置，不加保护剂，回实验室后用 0.45 μm 滤膜进行过滤后再分析，留样加保护剂进行保存。

3.1.1.5　监测数据分析

在开展联合监测的基础上，湖南省根据实际情况不断完善和调整应急监测方案，对渌江干流支流两个省界断面、三刀石饮用水源断面（醴陵市自来水厂渌江河取水断面）、仙井断面（醴陵与株洲县交界断面）、株洲县自来水厂（株洲县饮用水断面）、渌江入河口断面（渌江与湘江交界断面）共 6 个断面持续开展加密监测，密切关注渌江河水质动态。截至 8 月 27 日，共派出采样人员 602 人次，监测点位 15 个，采集样品 2 717 个，分析数据 115 批次，报出简报 27 期。根据监测数据，渌江河上游新龙江入渌江口断面，渌江干流金鱼石省界断面、渌江三刀石饮用水源断面铊浓度自 8 月 12 日以来总体呈下降趋势，其中渌江三刀石饮用水源断面铊浓度自 8 月 15 日 22 时已稳定达标；渌江河下游仙井断面、株洲县自来水厂断面、渌江入河口断面铊浓度持续稳定在控制标准范围内。

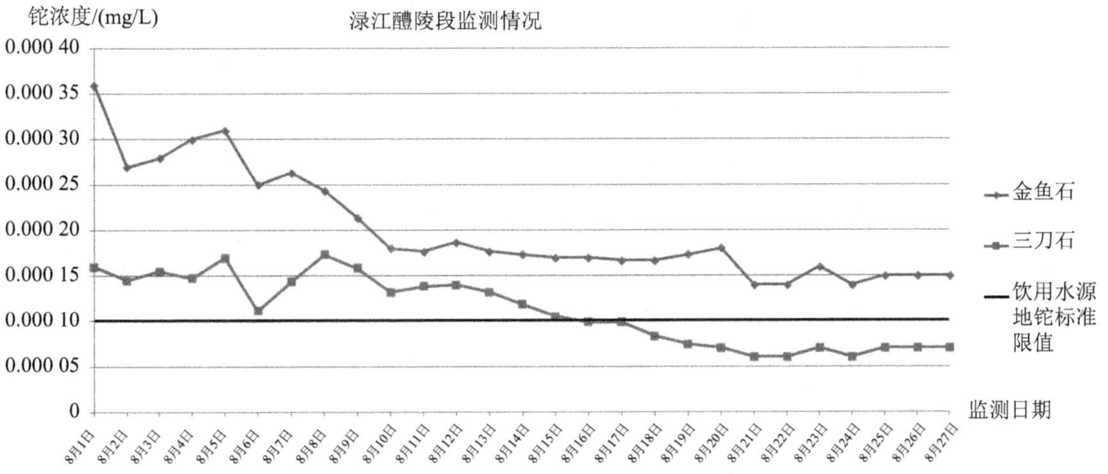

图 3.2　事件处理过程中金鱼石省界断面、三刀石饮用水源断面铊浓度监测日均值浓度图

监测结果表明，8 月 2 日到 8 月 14 日，三刀石断面铊浓度在 0.000 17～0.000 11 mg/L，呈逐步下降态势但持续超标。8 月 14 日至 8 月 15 日，监测结果在标准值上下波动，呈不稳定达标态势。8 月 16 日至 8 月 18 日，监测结果稳定在标准值以下，呈稳定的达标态势。锰、镉监测结果未出现过超标情况。8 月 2 日至 8 月 20 日，其下游的株洲县自来水监测断面铊、锰、镉的监测结果均稳定在标准限值以下，未再出现超标情况。

8 月 2 日至 8 月 20 日，金鱼石断面监测结果范围为 0.000 32～0.000 15 mg/L，8 月 2 日至 8 月 7 日，新龙江（省界）测点监测结果范围为 0.003 09～0.000 4 mg/L，8 月 7 日后，该测点完全断流，不再监测。8 月 4 日至 8 月 19 日，新龙江入渌江口监测结果范围 0.000 2～0.000 08 mg/L，自 8 月 16 日起，监测结果稳定低于 0.000 1 mg/L。8 月 2 日到 8 月 19 日，株洲县入境地表水断面仙井，监测结果范围为 0.000 06～0.000 08 mg/L，渌江与湘江交界断面渌江入河口监测结果范围为 0.000 05～0.000 08 mg/L。

对醴陵市自来水出水进行 4 次监测，其中有 2 次监测结果低于 0.000 1 mg/L，有 2 次结果超过该值，最大值为 0.000 14 mg/L。

对醴陵境内企业旗滨玻璃的排水进行监测，铊和锰的监测结果分别达到《湖南省工业废水铊污染物排放标准》（DB43/968—2014）和《污水综合排放标准》（GB8978—1996）一级标准的要求。

对从金鱼石到三刀石间渌江中 3 处电站进行监测，监测结果均超过 0.000 1 mg/L，最大值为 0.000 26 mg/L（建新电站）。

监测数据显示：8 月 15 日 22 时起，三刀石饮用水源断面铊浓度为0.000 1 mg/L以下，符合《地表水环境质量标准》（GB 3838—2002）集中式生活饮用水地表水特定项目标准。

3.1.1.6 结论与启示

赣湘两省萍水河（渌江河）交界断面铊浓度异常事件属于跨流域、跨区域的突发环境事件，涉及省级层面、市级层面的信息交流、工作协调、分工等，应急监测方案的制订与实施难度均较大。本次应急监测具有典型意义，其中一些做法具有开创性，值得借鉴。

（1）完善了生态环境部工作组指导、两省政府联动、多部门配合的应急机制，建立了萍水河流域应急联动机制，加强了两省工作联动。生态环境部工作组指导当地调集环保、水务、第三方监测力量，3 次集中调整、10 余次优化监测方案。主要污染河段共设置监测断面 26 个，7 月 3 日至 8 月 22 日，共出具监测数据 260 多批次、4 500 多个。生态环境部还组织专家调查污染分布、研判污染发展趋势，指导地方政府采取调水和截流措施。8 月 2 日、5 日，原湖南省环境保护厅工作组分别在湘东区和醴陵市与江西方面就应急监测、信息公开、工作互动等问题进行了面商，达成了广泛的一致。应急处置期间，双方建立了联合监测、数据共享、每日工作情况互通等工作制度，相互协调配合，为共同做好应急处置工作打下了良好基础。

（2）多措并举，强化全程数据质量控制。本次应急初期，原萍乡市环境监测站因人员缺乏经验，标准曲线梯度选择不合理，质控样品浓度选择过高等原因导致数据严重偏低，与原湖南省环境监测中心站的数据差了一个数量级，严重影响了事件评估与判断，中、后期两省明确了“五统一”的原则，即湖南、江西双方统一分析方法、统一分析仪器品牌、统一样品预处理细节、统一交界断面采样分样、统一数据交换。在 20 余天的应急监测过程中，“五统一”的原则得到了很好的贯彻执行，双方生态环境部门对于省界断面的监测数据未产生异议。

（3）多渠道发布信息，正确引导公众舆论。湖南省株洲市住建部门通过官网、醴陵市自来水厂通过微信公众号，每日发布包括铊浓度在内的水质公告。针对 3 起不实报道和“电解自来水出现大量黑渣”等谣言，醴陵市电视台采访自来水厂、疾控、生态环境等部门，科普宣传、答疑解惑。醴陵市、萍乡市生态环境部门也通过微信公众号等渠道及时发布事件应对信息，邀请民间生态环境组织参与采样监测、事件应对。

3.1.2　2017 年湘潭涟水水质异常事件

3.1.2.1　事件基本情况

2017 年 8 月，通过多次现场排查和加密监测，发现湘乡市境内杨金排口铊（Tl）超标主要系湘乡市攀龙废旧回收公司所致。市委市政府领导高度重视，批示严惩环境违法行为，通过近一个月的工作，铊污染源头基本消除，含铊固体废物被安全贮存，杨金排口铊（Tl）浓度得到了稳控。

3.1.2.2　事件应对情况

（1）组织全市排查，开展加密监测

2017 年 8 月 7 日，湘潭市环境监测站对湘潭市湘江干流、涟水以及市一水厂饮用水水源地进行水质月报常规监测，发现涟水断面水质出现异常情况。发现该情况后，湘潭市环境监察支队、环境监测站立即开展了沿涟水河上游排查及加密监测工作。通过连续排查、加密监测，发现湘乡市境内连接涟水河的杨金排口铊（Tl）超标现象严重，系湘乡市攀龙废旧回收公司所致。发现源头后，2017 年 8 月 12 日，公安、环保启动了联动执法，市公安局提前介入了此案，各部门开展了执法调查、现场监测、驻守支援、污染控制等一系列的工作。

（2）开展污染治理

对于此事，湘潭市、湘乡市两级市委、市政府高度重视，批示不惜一切代价消除污染隐患，严惩环境违法行为。发现杨金排口铊（Tl）超标后，立即对杨金渠沿线排污单位进行“地毯式”排查；同时，采取调集活性炭、建坝、投放药剂等措施对杨金渠全部的渠道水进行处置。锁定源头为攀龙废旧回收公司后，连夜建设 500 立方米的收集池，将攀龙废旧回收公司渗漏的含铊废水进行了收集，雇佣长沙赛恩斯集一体式废水处理系统对含铊废水进行处理；调度乡镇街道对露天堆放的固体废物进行防雨、防漏处置，将露天的含铊固体废物紧急转移至该公司仓库，并全部用吨袋装袋安全贮存，同时对地面进行硬化处置。通过一系列措施，污染源头基本得到控制，隐患还有待进一步消除。

（3）联合执法，严肃查处湘乡市攀龙废旧回收公司环境违法行为

2017 年 8 月 12 日，湘潭市公安局、市环保局启动了联动执法，市公安局提前介入了此案，8 月 13 日，原湘潭市环保局将此案移送给市公安局，8 月 21 日，市检察院、市公安局、市环保局、原湘乡市环保局召集了有关攀龙废旧回收公司违法行为处理联席会议。经调查，湘乡市攀龙废旧回收公司存有大量涉铊固体废物及大量高浓度含铊废水，最高浓

度为 43.7 mg/L，超过排放标准 8 379 倍，该部分固体废物主要来源于四川、安徽、江西等地。因 8 月份降水较多，该公司涉铊固体废物露天堆放，雨污未分流，无废水收集处理等环保处理设施，含铊废水与雨水混排至外环境，导致杨金排口铊（Tl）连续严重超标。应急处置初期，涉事公司 3 名负责人就已被刑事拘留。

（4）后续工作

为深刻吸取攀龙废旧回收公司违法行为的教训，清剿非法违法生产经营行为，严厉打击“散、乱、污”环境违法行为及污染犯罪，坚决遏制环境安全事故、污染事故的发生，湘潭市举一反三，印发了《关于落实中央环保督察组反馈意见，深入开展环保领域“打非治违”专项行动的通知》，以及《2017 年环保领域“打非治违”专项行动工作方案》《危险废物专项执法检查工作方案》，目前，专项行动正在有条不紊地开展。

3.1.2.3　应急监测方案

（1）监测点位、监测项目及频次

本次事件主要发现涟水断面水质出现铊异常现象，于是展开沿涟水河上游排查及加密监测工作，监测点位包括易家湾、三水厂、五星（一水厂）、涟水入河口、夏梓桥、杨金渠涟水入口、朱津渡取水口、杨金排口及上游、涟水沿岸企业排污口等。其中五星（一水厂）断面既是湘江干流的省控断面，也是湘潭市集中式饮用水源地之一，位于涟水支流下游，具体位置如图 3.3 所示。监测项目为铊，应急前期，地表水和饮用水断面一天两次监测，废水监测点位一天一次监测；中、后期改为一天一次监测；监测点位根据监测结果进行多次调整，主要涉及地表水、饮用水、废水以及土壤浸出液等。

图 3.3　地表水及饮用水断面监测点位布局图

（2）监测分析方法及分析仪器

监测分析方法及分析仪器如表 3.4 所示。

表 3.4　监测分析方法及分析仪器

序号	检测参数	依据标准	分析方法	分析仪器
1	Tl	HJ 700—2014	电感耦合等离子体质谱法	ICP-MS

（3）监测评价标准

监测评价标准如表 3.5 所示。

表 3.5　监测评价标准

评价标准	Tl 浓度/（mg/L）
GB 3838—2002 地表水环境质量标准	0.000 1
GB 5749—2006 生活饮用水卫生标准	0.000 1
DB 43/968—2014 湖南省工业废水铊污染物排放标准	0.005

（4）质量与保证措施

（a）地表水和废水监测按照《地表水和污水监测技术规范》（HJ/T 91—2002）、《水质样品的保存和管理技术规定》（HJ 493—2009）等技术规范进行；

（b）现场采样和实验室分析人员持证上岗；

（c）采用加密监测、平行样、有证标准物质等方式保证监测质量；

（d）监测数据、结果实行三级审核；

（e）采样原始记录、分析原始记录等信息完全并有相关人员签字。

3.1.2.4　应急监测报告

8 月 7 日，发现湘潭市夏梓桥、涟水入河口、五星（一水厂）左岸水质常规监测断面重金属铊均出现超标，其中五星（一水厂）左岸超标 1.9 倍。经排查及加密监测发现，涉事企业为湘乡市攀龙废旧回收公司，该公司擅自存有大量涉铊固体废物，且未采取三防措施，导致外排含铊废水最高浓度为 43.7 mg/L，超过排放标准 8 379 倍。经过近一个月的应急处置及加密监测，共出具快报 40 期，截至 9 月 1 日，除杨金渠上游、杨金渠入涟水河口超标以外（最高超标 22.2 倍），湘江湘潭段各断面已达标。图 3.4 为湘江干流的省控断面五星（一水厂）断面铊的加密监测结果。

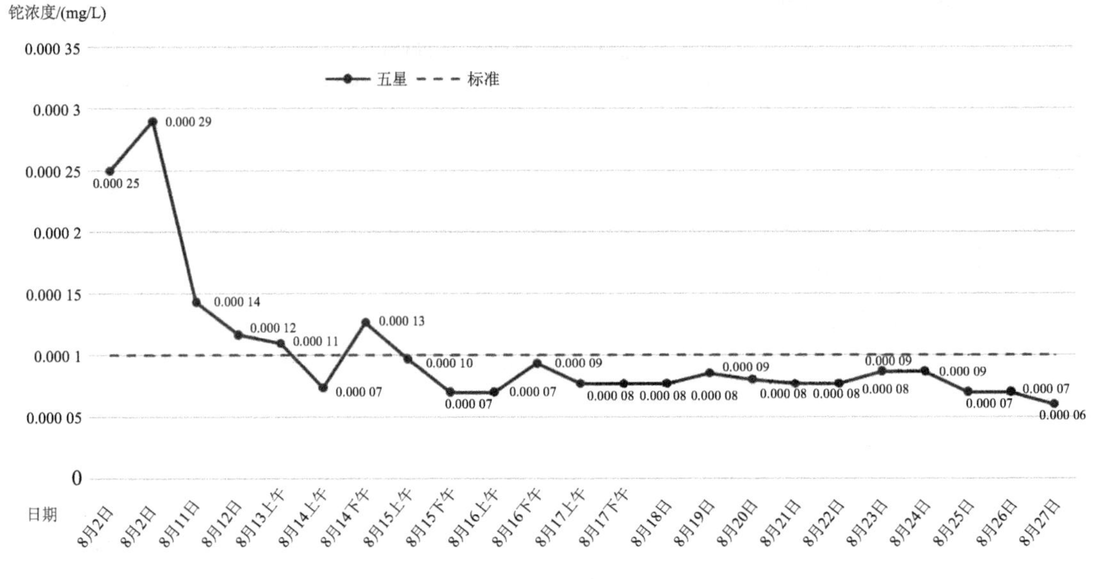

图 3.4　五星（一水厂）断面铊趋势变化图

3.1.2.5　结论

此次应急事故为企业偷排造成涟水河水质异常，总结如下：

（1）需加强企业管控，做好环境风险防范工作，提高突发环境事件应对能力。企业管理不到位和三级防控措施不到位是导致这次事故发生的根本原因。涉事公司涉铊固体废物露天堆放，雨污未分流，且无废水收集和处理等环保处理设施，导致含铊废水与雨水混排至外环境，致使杨金排口铊（Tl）出现连续严重超标现象。

（2）涟水河异常发现及时，排查到位。本次事故是在水质月报常规监测中发现涟水河铊含量异常的，这体现了日常监测工作的重要性，也体现了监测人员的警觉性。

3.1.3　娄底升平河事件

3.1.3.1　事件基本情况

2017 年 7 月 11 日，娄底市境内发生了华润利民煤矿等煤矿矿井水汛期大量涌出，未经处理直排，水体中铁、锰超标，导致渣渡河（涟源市称升平河）水质异常，影响下游涟源市饮用水安全的紧急情况。接到报告后，市委书记李建华，市委副书记、市长曾伯怡分别在第一时间作出重要指示，要求全力以赴，采取有力措施，妥善处置。分管生态环境的副市长金波在接到报告后第一时间赴现场指挥处置工作。

经调查，升平河铁、锰超标主要有以下原因：一是受强降雨影响。2017 年 6 月 22 日至 7 月 2 日，冷水江市遭遇百年难遇的暴雨，渣渡镇境内的湖南华润利民煤矿原每天只有 8 000 吨左右的矿井涌水，强降雨后增至 3 万多吨。原本无矿井废水外排的财神坑煤矿、水口山废弃老窑井也出现涌水。这些矿井涌水水质呈酸性，pH 值 2～3，铁浓度最高时超过 2 000 mg/L，锰浓度超过 30 mg/L。二是湖南华润利民煤矿废水处理站处理能力不够。该矿废水处理站于 2016 年 12 月建成投运，设计处理能力为 14 400 m^3/d。强降雨后矿井废水水量剧增，远超过了污水处理站的设计处理能力，导致部分废水未经有效处理溢排木瓜溪（升平河上游）；同时，由于矿井水水质、水量均发生了变化，煤矿废水处理设施运行达不到设计效果。7 月 11 日下午 5 时，市环保局监测站对该矿废水处理系统出口进行监测，结果显示铁浓度为 421 mg/L，锰浓度为 7.91 mg/L，均超过国家规定的排放标准。三是利民煤矿停止抽水致使矿井水位上升。2016 年 7 月 22 日，该矿未报告任何部门，停止抽水，由此造成其矿区地下水位逐渐上升。

上述三家煤矿属于停产或关闭企业，其中利民煤矿原属于涟邵矿务局，2001 年 3 月破产，2007 年由湖南华润煤业有限公司收购，该矿一直未恢复生产。水口山煤矿 1998 年被关闭。财神坑煤矿 2016 年 7 月被水淹没后停产至今。

3.1.3.2 事件应对情况

应急事件发生后，原环保部、原省环保厅高度重视，部、省厅领导和专家多次亲临现场研判形势、提出对策、指导处置；市政府主要领导总揽全局，多次及时到场研究部署，为处置工作顺利推进提供有力支持；地方政府、生态环境部门等勇于担当，齐心协力，众志成城，确保了处置工作取得成效。主要做了以下工作：

（1）成立现场处置机构。2017 年 7 月 11 日晚上，娄底市副市长方建荣在冷水江市渣渡镇召开紧急处置调度会，对污染处置工作进行部署，并成立升平河水质异常事件应急指挥部，指挥部下设执法调查组、技术指导组、应急处置组、水质监测组、宣传信息组、后勤保障组等 6 个工作组。市委书记李建华、市长曾伯怡经常现场坐镇指挥。分管生态环境的副市长金波放下其他工作，全身心驻守渣渡镇。建立微信群，编发会议纪要，现场情况一目了然，指令下达及时准确。邀请专家指导，委托湖南省环科院编制整体处置方案。原环保部、原省环保厅、省环科院派出专家全程现场指导，实时提出处理方案，确保处置措施科学有效。原娄底市环保局抽调专门人员，成立督导组，现场督查和指导污染处置工作。娄底市生态环境部门以全局之力投入应急处置工作，全体干部职工不分昼夜，24 小时轮班坚守在处置现场。湖南华润煤业公司从涟源良相煤矿抽调 30 余名矿工组成处置小分队，承担拦河筑坝、投药等任务。

（2）开展现场处置。对于湖南华润利民煤矿等煤矿溢流的矿井水，娄底市构筑了五道防线，采取了五大措施：一是在利民煤矿矿井水溢流口旁边的工业广场开挖 2 个容量约 6 500 立方米的应急处理池，从平井、斜井铺设应急管道 900 米，将矿井水引至该池，安排专门力量按照应急方案要求投加药剂，经中和沉淀处理后外排。二是对利民煤矿废水处理站实施技术整改，将经过预处理的废水导入废水处理站再次处理。三是对财神坑煤矿、水口山废弃老窑井溢流的矿井水，采取加碱中和沉淀的方式进行处置，同时在木瓜溪构筑了 5 道拦河筑坝，减缓河水流速，增加沉降时间。四是在拦河坝坝前建设 5 套污泥收集系统进行排泥，共回收污泥约 2 万立方米，晾干后将污泥进行妥善处置。五是市环保局在利民煤矿污水处理站安装监控设备，实时进行监控。

（3）加强监测。7 月 11 日，在湖南华润利民煤矿、财神坑煤矿、水口山煤矿和升平河冷涟交界断面等设置 11 个监测点位，取样分析频次为 2 小时一次，对 pH 值，铁、锰等污染因子进行监测。7 月 13 日，根据实际情况调整至 8 个监测点位，7 月 14 日调整为 9 个，此后一直保持 8 个。7 月 19 日、7 月 22 日、7 月 25 日、8 月 8 日，取样分析频次分别调整为 4 小时、6 小时、8 小时、12 小时一次（应急状态解除后，9 月 1 日开始调整为每周一、周四各采样监测 1 次，监测点位调整为 5 个）。监测结果都第一时间发送到指挥部每个成员，专家组根据情况变化，适时调整药剂投加量，优化点位和监测频次。娄底市环境监测部门共出具环境各类监测快报 219 期，监测数据 4 000 余个，为指挥部科学决策提供支撑。

（4）强化保障。娄底市坚持“应急处置优先”的原则，从财力、人力、物资上予以全力保障。一是确保资金。投入药剂、设备、人工折合人民币共达 1 289.8 万元。二是保障物资。娄底市共调集片碱 1 287.1 吨、石灰 518.77 吨、高锰酸钾 0.39 吨、次氯酸钠 3 吨、吸污泵 7 套、PAM 2 吨、PAC 30.84 吨、应急管道 900 米、长丝土工布 9 100 平方米、HDPE 膜 6 175 平方米、漂白粉 3.4 吨、视频监控设施 1 套、化学试剂 1 批次等应急物资；每日投入车辆 20 余台次；每日投入人工 120 余人；投入挖机等机械设备 6 台。三是强化现场监管。娄底市派驻工作组，现场监督、指导污染处置工作；安排市应急办、市安监局、市水文局、市国土局等部门开展施工环境安全监管、水量监测、地质调查工作；市环保局、渣渡镇每天安排 3 班，每班 9 人，24 小时现场监控、值守，严格监督按照应急技术方案要求投放药剂，确保处理效果。

（5）立案处罚环境违法行为。针对华润利民煤矿超标排放矿井水行为涉嫌不正常运行环保设施、对暂时不利用或者不能利用的工业固体废物未建设贮存设施等环境违法行为，市环保局已立案查处，处理行政罚款 35.9 万元，7 月 11 日，对利民煤矿废水处理站负责人予以行政拘留。

（6）约谈湖南华润煤业和利民煤矿主要负责人。7 月 17 日，市长曾伯怡主持了对湖南华润煤业和利民煤矿主要负责人的约谈，依法进行告诫谈话，指出问题。娄底市副市长方建荣出席约谈，要求湖南华润煤业有限公司及利民煤矿进一步增强法律意识、应急意识，切实履行环境保护主体责任；立即落实应急处置专项资金，迅速改造废水处理站，实现污染物达标排放，调派人员力量投放药剂，维护、使用好应急处理池，建立长效机制确保环境安全。

（7）全面做好舆情引导。成立了舆情应对工作领导小组，市委宣传部、市环保局对湖南红网相关网帖第一时间回复，对河流污染情况进行正面引导，避免引起群众恐慌。邀请环保志愿者全程参与处置，进行现场监督。微信公众号“环境观察”连续10期图文并茂跟踪报道，客观反映处置进展情况。舆情一直良好。

在上级政府和生态环境部门的统筹指挥下，市县乡各级政府、相关部门、企业及社会各界思想高度统一，目标十分明确，相互配合，共同发力，确保了处置工作取得成效，升平河水质改善趋稳向好。2017年7月29日14时，涟源市自来水公司一水厂取水口铁、锰浓度稳定达到集中式生活饮用水地表水水源水质标准，一水厂恢复正常取水，污染处置工作取得决定性胜利。8月3日，市人民政府将利民煤矿井下涌水污染处置工作移交湖南华润利民煤业公司。

3.1.3.3　应急监测方案

（1）监测点位、监测项目及频次

由原冷水江市环保局自升平河木瓜溪断面至冷涟交界断面设置3个监测点位，在利民煤矿、财神坑煤矿、水口山煤矿溢流口设置5个监测点位，对pH值，铁、锰等特征污染因子进行监测，取样分析频次为2小时一次。由原涟源市环保局和卫计局分别对水源水和自来水厂出水开展水质监测。

（2）监测分析方法及分析仪器

表3.6　监测分析方法及分析仪器

序号	检测参数	依据标准	分析方法	分析仪器
1	pH	GB 6920—1986	玻璃电极法	pH计
2	铁	GB 11911—1989	火焰原子吸收分光光度法	火焰原子吸收分光光度计
3	锰	GB 11911—1989	火焰原子吸收分光光度法	火焰原子吸收分光光度计

（3）监测评价标准

表3.7　监测评价标准

评价标准	pH	铁浓度/(mg/L)	锰浓度/(mg/L)
GB 3838—2002地表水环境质量标准	6～9	≤0.3	≤0.1
GB 5749—2006生活饮用水卫生标准	6.5～8.5	≤0.3	≤0.1
GB 20426—2006煤炭工业污染物排放标准	6～9	7	4

（4）质量与保证措施

（a）地表水和废水监测按照《地表水和污水监测技术规范》（HJ/T 91—2002）、《水质样品的保存和管理技术规定》（HJ 493—2009）等技术规范进行；

（b）现场采样和实验室分析人员持证上岗；

（c）采用加密监测、有证标准物质等方式保证监测质量；

（d）监测数据、结果实行三级审核；

（e）采样原始记录、分析原始记录等信息完全并有相关人员签字。

3.1.3.4　监测数据分析

2017 年 7 月 11 日下午 5 时，原市环保局监测站对该矿废水处理系统出口进行监测，结果显示铁浓度为 421 mg/L，锰浓度为 7.91 mg/L，均超过国家规定的排放标准。7 月 13 日 6 时，利民煤矿、财神坑煤矿和水口山煤矿矿井溢流水的铁、锰浓度最高分别超过《煤炭工业污染物排放标准》255 倍和 5.5 倍；升平河木瓜溪、红旗桥和冷涟交界断面铁浓度分别超标 362 倍、62 倍和 166 倍，锰浓度分别超标 15.8 倍、5.2 倍和 9.7 倍（参照《地表水环境质量标准》集中式生活饮用水源地标准）；涟源市第一水厂取水口 pH 值正常，铁、锰浓度分别超标 10.2 倍和 3.6 倍；供水管网的末梢水达标。

2017 年 7 月 14 日 14 时，利民煤矿、财神坑煤矿和水口山煤矿矿井溢流水的铁、锰浓度最高分别超过《煤炭工业污染物排放标准》156.2 倍和 2.9 倍，升平河冷涟交界断面铁、锰浓度分别为 29.7 mg/L 和 0.84 mg/L，涟源市第一水厂取水口铁、锰浓度分别超标 2.5 倍和 2.9 倍（《地表水环境质量标准》集中式生活饮用水源地标准中铁、锰浓度分别 0.3 mg/L 和 0.1 mg/L），污染浓度呈下降趋势。

监测数据表明，自 2017 年 7 月 16 日 20 时起，冷水江市、涟源市交界断面铁、锰浓度大幅下降并趋于稳定。截至 21 日 10 时，铁浓度为 5.14 mg/L，锰低于检出限。

连续监测结果表明，自 2017 年 7 月 29 日 14 时起，涟源市一水厂取水口铁、锰浓度持续稳定达标。涟源城区供水一直保持正常，未受此次事件影响。专家研判认为事件风险可控，事件转入后续常态化处置阶段。

3.1.3.5　结论

一个多月的污染处置工作，总结以下几点经验：

（1）领导重视是关键。

（2）相互配合是前提。

（3）措施得力是根本。

（4）技术支撑是保障。一是邀请专家指导，二是环境监测及时准确。

（5）后勤保障是基础。

（6）舆情信息是桥梁。

3.1.4　益阳市宏安矿业有限公司矿坑水外溢事件

3.1.4.1　事件基本情况

湖南石煤资源十分丰富，石煤是一种含碳少、热值低的燃料，往往伴生多种金属。石煤中硫含量及镉、镍、砷等重金属含量高，开采过程中会产生大量酸性含重金属废水。

2019 年 2 月 2 日凌晨 3 时 30 分许，益阳赫山区宏安矿业原开采区污水处理矿坑，因雨水沉积、压力增强，导致原来已经封堵的历史矿洞穿孔，致使正在预处理的近 8 000 立方米矿坑雨水外溢，经宏安矿业前方南侧的无名小溪、农田、唐湾河流入志溪河（资江支流），农田过水面积约 60 余亩，造成 1 口鱼塘污染，10 余只鸡被淹，无人员伤亡，下游志溪河 28 公里左右水域水质 pH、镉、锌不同程度超标。事发地距离志溪河约 12 公里，距离志溪河入资江河口约 45 公里，其中志溪河入资江河口上游约 800 米至入河口均为益阳中心城区饮用水源地二级保护区范围。

3.1.4.2　事件应对情况

事件发生后，副省长陈文浩作出批示，提出了工作要求。厅党组书记、厅长邓立佳，副厅长姚斌第一时间听取了有关情况，并部署了相关工作。湖南省生态环境厅于 2 月 3 日上午派工作组赶赴现场，持续调度并指导应急处置工作，直至 2 月 8 日应急响应终止。

获悉矿坑水外溢后，益阳市、区两级党委、政府高度重视事件处置，组织相关单位立即启动应急响应。采取以下应急措施：一是迅速控制宏安矿业污染源，封堵了泰天矿业排水口，并迅速排查了石笋等其他石煤矿山隐患。二是实施分段拦截，相继把污染源拦截在新市渡镇大桥大坝、洋溪江、船形山、北峰山水域，减缓污染物下移速度。三是调集机械设备、石灰、片碱、絮凝剂等应急处置物资对拦截水域分段治理，累计投放石灰 2 000 余吨，其他药剂 1 200 余吨。四是统筹调剂志溪河沿线的塘（坝）、水库、电站，科学放水稀释，降低重金属浓度。

为确保益阳市饮用水安全，原益阳市环保局及时制定并适时调整应急监测方案，持续开展水质加密监测，跟踪污染团迁移情况。截至 2 月 8 日，共布设监测断面 23 个，监测点位 31 个，出动监测人员 254 人次，采样船只 2 艘次，采样车辆 69 台次，共采集样品 339 个，上报监测数据 547 个，报出监测报告 50 期。上游应急处置结束后，原市环保局继续组织开展下游水质监测，及时掌握益阳中心城区饮用水水源地水质情况。

监测报告显示，事件发生以来，资江及益阳市饮用水水源地水质稳定达到《地表水环境质量标准》（GB 3838—2002）Ⅲ类水质标准，事件未对下游资江以及饮用水源地水质造成影响。

事件应急处置完毕后，当地政府将事故外泄的矿坑水和污染区土壤按要求进行处置，查清和封堵了历史矿洞出水口，并将溢水接入污水处理管网，确保不再发生污水外溢事件。对损毁的60余亩农田已全部撒放石灰、药剂，在此基础上，及时进行生态修复，由农业部门将农田恢复纳入了污染土壤治理修复试点项目，并于2月8日开始动工实施，损毁农田现已基本恢复原貌。将原开采区历史矿洞进行了清淤回填，按照原治理方案要求，适时启动矿坑防渗、复绿等工作。

3.1.4.3　应急监测方案

（1）点位布设

2019年2月2日，根据事故现场情况及下游各断面和饮用水源取水口的分布情况，确定水质监测点位，具体监测点位如图3.5所示。2019年2月6日零时起，根据前17期应急监测结果及夜间监测环境情况，重点监测5个水质断面：新市渡镇大桥下大坝、谢林港镇、电厂志溪河大桥上游200米处、志溪河大桥上游800米处、二水厂取水口。鉴于2019年2月6日13时46分，谢林港镇监测断面镉的测定值首次出现超标，2019年2月7日9时起，重点监测6个水质断面，其中志溪河石板滩桥下断面反映污染源情况，洋溪江大坝和船形山大坝等2个断面反映污染处置情况，北峰山大坝和资江口等反映污染移动趋势。

图3.5　监测点位设置图（备注：溢水点距志溪河约5 km，距资江约38 km）

（2）监测项目

根据益阳市宏安矿业有限公司原有的监测资料及现场实际情况，确定前期监测因子。废水为 pH、总镉、总砷、总镍、总锌；地表水为 pH、镉、砷、镍、锌。2019 年 2 月 6 日零时起，根据前期应急监测快报结果及超标情况，调整监测因子，地表水为镉、pH。

（3）监测时间、频次

监测小组到达现场后立即进行 1 次监测。后续监测频次为每 4 小时监测一次。2019 年 2 月 6 日零时起，监测频次为每 2 小时一次。2019 年 2 月 7 日 9 时起，洋溪江大坝、船形山大坝、北峰山大坝和资江口断面加密监测，每 2 小时一次；志溪河石板滩桥下断面每日一次；二水厂取水口断面每 4 小时一次。

（4）监测分析方法、监测仪器

表 3.8　监测分析方法、监测仪器

序号	检测参数	依据标准	分析方法	分析仪器
1	pH	GB/T 6920—86	玻璃电极法	pH 计
2	砷	HJ 694—2014	原子荧光法	原子荧光分光光度计
3	锌、镉	GB/T 7475—87	原子吸收分光光度法	原子吸收分光光度计
4	镍	GB/T 11912—89	火焰原子吸收分光光度法	原子吸收分光光度计

（5）质量保证措施

（a）样品采集：每个项目需同时采集现场空白样，并和样品采取同样的保存和运输措施。

（b）实验室分析：保证每个项目有两个分析人员操作。每批样品要求做 100%平行样。每批做 2 个以上实验室空白。实验室分析必须有标准样品保证值分析、平行样相对偏差分析等质控措施。

（6）评价标准及方法

地表水执行《地表水环境质量标准》（GB 3838—2002）中Ⅲ类标准限值。

（7）结果报送

监测数据出来后立即以短信、邮件、传真等方式同时上报应急监测指挥部。

3.1.4.4　监测数据分析

2019 年 2 月 2 日中午 12 时，上游宏安矿业矿坑溢流口、废水汇入无名小溪口上游 500 米、废水汇入无名小溪口下游蒋佐才房屋下、志溪河石板滩桥下 4 个监测点位 pH、镉、锌均不同程度超标，其中最大浓度值出现在废水汇入无名小溪口下游蒋佐才房屋下：pH 为 4.25，镉浓度 0.99 mg/L、锌浓度 35.7 mg/L，镉、锌分别超过《地表水环境质量标准》GB 3838—2002 中Ⅲ类标准限值 197 倍、34.7 倍。3 日上午 9 时 30 分，上游宏安矿业矿坑溢流口、废水汇入无名小溪口上游 500 米、废水汇入无名小溪口下游蒋佐才房屋下、志溪河石板滩桥下 4 个监测点位 pH、镉、锌浓度均呈下降趋势，部分指标已达标。6 日 13 时 46 分，谢林港镇监测断面镉水质指标的测定值首次出现超标，浓度为 0.007 2 mg/L,超标倍数为 0.4，初步判断污染水团峰值已达到谢林港镇位置，对中心城区饮用水水源地水质构成了潜在威胁，其中最大浓度值出现在 6 日 23 时 10 分，镉浓度为 0.016 2 mg/L，超标倍数为 2.24。7 日上午 11 时 32 分，北峰山大坝监测断面镉水质指标的测定值首次出现超标，浓度为 0.017 9 mg/L，超标倍数为 2.6，初步判断污染水团峰值已达到船形山大坝位置，污染水团聚集在船形山大坝，其下泄水量将影响下游断面水质状况。7 日下午，志溪河入资江口断面镉浓度不稳定，近 2 期监测数据接近标准限值，初步判断污染水团前锋已接近入资江河口。

截至 8 日下午，下游益阳饮用水源保护区志溪河大桥上游 800 米处、志溪河入资江口上游、资江船舶厂码头、二水厂原水水质均达标。

3.1.4.5　结论

根据应急处置情况，此事件为因地质灾害次生的一般突发环境事件，监测数据表明，志溪河上游水质好转，事件尚未对益阳市饮用水源地造成影响。

（1）值得肯定的地方：应急监测的警报声先于新年钟声响起，全体人员把应急监测当成了第一要务，接到此突发环境事件应急监测指令后，应急监测人员迅速就位，科学合理地布设了应急监测点位 16 个，制订了应急监测方案。在这次突发环境事件应急监测中，原益阳市环境监测站的应急监测人员从腊月二十八到正月初四连续奋战七昼夜，共采集样品数百个，出具分析数据上千个，发出 50 期监测快报，为政府部门的决策提供了可靠依据，消除了对资江饮用水源的重大影响。

（2）暴露出来的问题和不足：主要表现为应急网络建设欠缺，难以做到污染信息在第一时间相互通报、信息共享，技术支持系统不完备，现场应急监测、处置人员都还未能配备现场视频无线传输系统。如果能通过电子视频、电话会商等，将能实现更为高效的指导和处置。分析室仪器设备老旧，两台原子吸收仪全力开工，由于连续的高强度工作，两台仪器都相继出现故障，经过仔细调试和修整后才得以继续工作，这都无法满足突发环境事件应急监测工作需要。

（3）今后需要加强改进的地方：对辖区内的工矿企业进行全面调查，对存在环境隐患的企业，建立污染源企业档案，熟悉了解各工矿企业的污染物特性、特点、处理方式，周边相关地理信息和水文状况。通过对污染源建案，有利于应急情况下做到有的放矢。加大对应急监测基础仪器设备的投入，为适应应急监测工作的需要，做到快速反应，结合本地区污染源特点，配齐必要的水、气环境突发事件应急设备，以及必需的通信、防护设备。

3.1.5 锰渣库垮塌致河流锰污染环境应急事件

3.1.5.1 事件基本情况

2012年11月，贵州省万山区某锰业公司渣库导洪管破裂，渣库内的大量锰渣排入锦江河，受污染水体随即流入湖南省境内，形成跨省污染事件。锦江河发源于贵州省梵净山南麓，属沅水一级支流，途经贵州省铜仁市后，流入湖南省怀化市麻阳县境内。锦江河湖南段全长157 km，在怀化市辰溪县汇入沅江。该河流湖南段梯级开发充分，沿途共建有水电站6个，是典型的水库型河流，水情复杂。同时，该河流又是沿岸群众的主要饮用和灌溉水源，共有大小饮用水源地4个。

3.1.5.2 事件应对情况

污染事件发生后，当地政府按程序逐级上报，生态环境部、住建部和省、市、县有关负责人迅速赶赴现场组织应急处置，并就地成立了应急指挥中心。

原湖南省环境监测中心站（以下简称“省站”）接到省厅指令后，立即启动省级应急监测预案Ⅰ类响应，迅速进入应急状态。与当地生态环境部门取得联系，初步了解污染事件基本情况，并安排专人调取事发地的水系图和交通图。多方协商后，确定了第一期应急监测方案。与此同时，集结第一批应急监测指挥人员和监测人员，针对应急监测可能涉及的分析项目做好现场仪器调试和试剂准备。随后，根据现场需要，补充了第二批监测设备和试剂。根据现场的严峻形势，果断决定改变以往的指挥模式，将应急监测指挥中心前移至事件所在地，由省站站长在一线指挥应急监测工作，综合组、现场监测组、分析技术组、质量控制组和技术专家组的技术骨干都赶赴现场开展工作。

关于应急监测分析方法的选择，由于基于阳极溶出伏安法的PDV6000便携式重金属分析仪在稳定性和准确性等方面与原子吸收法相比有所欠缺，且试剂消耗量较大，不适于大批量样品分析，有关分析技术专家决定采用分光光度法作为现场快速分析手段。组建临时实验室后，对分光光度法条件进行摸索，前后共做了近10次标准曲线，分析了70多个样品。结果表明，分光光度法与原子吸收法的监测数据相比，总体偏差趋势一致，但由于试剂均为临时配制，配制要求和时限要求较高，现场得不到很好解决，不适合长期开展监测。鉴于本次应急监测持续时间较长，而临时实验室的场地条件适合大型仪器的安装与分析，指挥部最后决定跨县调用仪器，统一采用原子吸收法。中、后期改现场分析为实验室分析，巩固保证数据准确性的应急监测分析模式。

3.1.5.3　应急监测方案

应急监测启动时，因为缺少各种基础信息，特别是不清楚污染团的推进速度，制订的第一个应急监测方案具有普查性质，沿河道较密集布点，调查敏感点是否受到污染，借此发现污染团所在位置。

第一轮普查结果表明，污染物已流入第一级水电站，且仍位于库区内。在锁定污染团所在位置后，立即调整应急监测方案，在第一级水电站出水口按每小时 1 次的频次加密监测，监视污染团何时通过第一级水电站。同时，按每小时 1 次的频次加密监测入境断面，分析污染来源是否已切断，再按离电站大坝 2 km、5 km、10 km 和 15 km 的距离采样分析，为判断污染团在第一级水电站库区内的大致位置和估算污染物总量提供依据。对第一级水电站以下的监测点位，按每小时 4 次的频次监测本底值，一旦污染物流出第一级水电站，则第二级水电站出水的监测频次提高到每小时 1 次。

几轮监测结束后，根据数据结果提出应急监测方案动态调整：（1）以污染团为中心点，向前预测受到影响的断面，向后跟踪污染何时消失，牢牢锁住污染团首尾所在位置；（2）对即将受到污染的敏感断面，提前将监测频次提高到每小时 1 次，下游紧邻敏感断面 2 小时 1 次，再下游 4 小时 1 次，依次启动，确保用最少的消耗获得最有价值的监测数据；（3）对污染团已经流过的敏感断面，视浓度下降速度逐渐降低监测频次，先 2 小时 1 次，再降至 4 小时 1 次，最后上午 9 时 1 次，下午 4 时 1 次，稳定达标 1～2 天后终止监测；（4）鉴于复杂的气候和水利条件，入境断面水质达标后仍按 4 小时 1 次的频次监测，防止污染物再次入境；（5）提前勘察下游敏感断面，确定良好的水样采集点，在污染团到达前能随时启动应急监测。

本次应急监测在 197 km 长的河段上共布设断面 20 个。采用滚动启动应急监测模式，共获得有效应急监测数据 3 250 个。本次应急监测的污染源是锰渣外泄，在监测特征污染物锰的同时，初期加测氨氮、六价铬以及汞等指标。结果表明，氨氮存在一定程度的超标，六价铬和汞都不超标。据此，确定每 4 小时监测 1 次氨氮，六价铬和汞每天监测 1 次。在应急监测中后期，主要污染物确定后，氨氮、六价铬以及汞等指标停止监测。

3.1.5.4　监测数据分析

监测结果显示，入省境断面锰超标持续的时间并不长，但超标倍数最高达 60 多倍，表明锰污染团在上游移动速度较快，扩散作用不充分，仍具有点源污染特征。但进入水电站库区后，受水利阻滞的影响，污染团逐渐发生扩散、沉降等作用，需较长时间才能渐次通过各梯级开发水电站。而进入下游后，因污染团已扩散成带状，通过时间同样较长，详见图 3.6 和图 3.7。

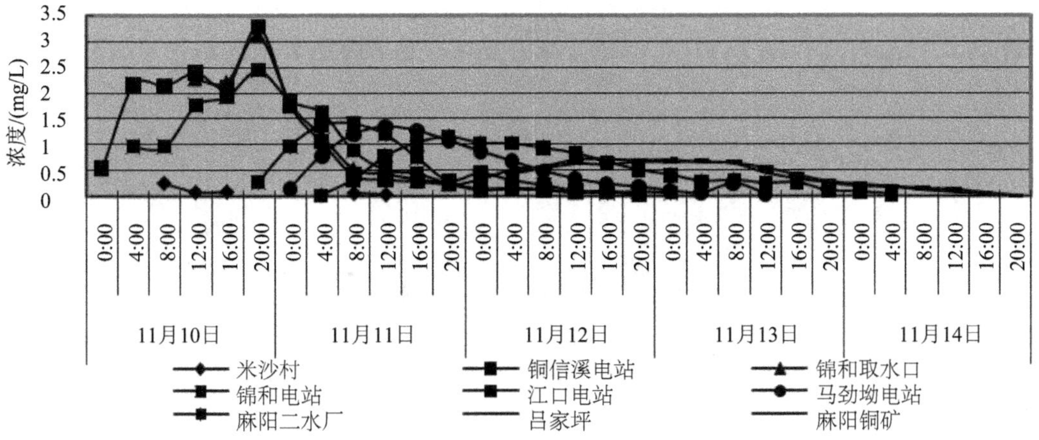

图 3.6 锦江麻阳段各监测断面锰浓度变化图

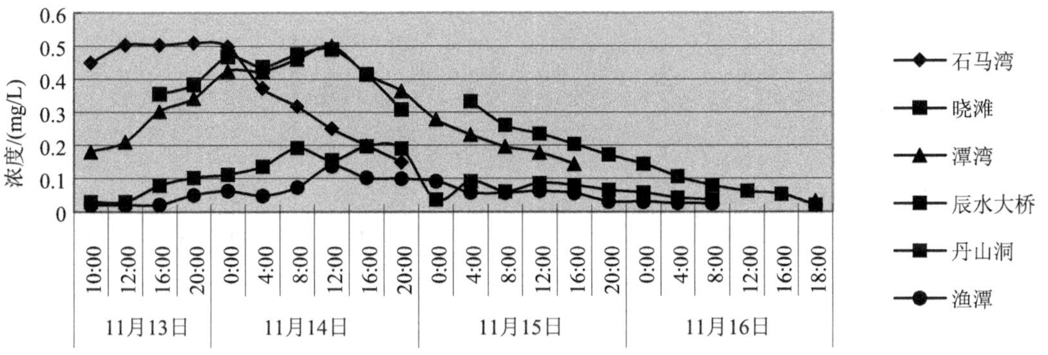

图 3.7 锦江辰溪段各监测断面锰浓度变化图

由于麻阳二水厂是锦江麻阳段的敏感断面，于 11 月 8 日停止供水生产。根据监测结果，污染团于 11 月 11 日凌晨 4 时才抵达水源地断面，72 小时后，污染便已经解除。

麻阳铜矿是锦江麻阳段的最后一个监控断面，从 11 月 12 日凌晨 4 时开始，有特征污染物锰检出，11 月 14 日 16 时锰浓度达标，标志着锦江麻阳段污染解除。

污染团进入锦江辰溪段后，由于历经长距离混合、扩散，超标峰值下降，且沿程渐次降低。

在丹山洞断面，锦江与沅江干流汇合。为充分发挥沅江干流水体的稀释作用，在汇合处采取了工程措施，也就是在汇入口筑软体坝，提高两条河流汇合后的混合水平。在汇合口下游 100 m 处取样分析，左、中、右断面的锰浓度比较接近，表明工程措施达到了预期效果。

经过稀释处理，污染团由锦江入沅江干流后，再向下流动 15 km 到达湘西自治州泸溪县。在市、州交界的浦市断面，左、中、右江面均未超标，表明污染影响基本控制在怀化市范围内，未进一步扩散。

关键监测点位的锰最高超标倍数详见图 3.8。从图中可以看出，污染团经过沉降、稀释等作用后，逐渐具有扁平特征，即超标峰值下降，而平面距离拉长。

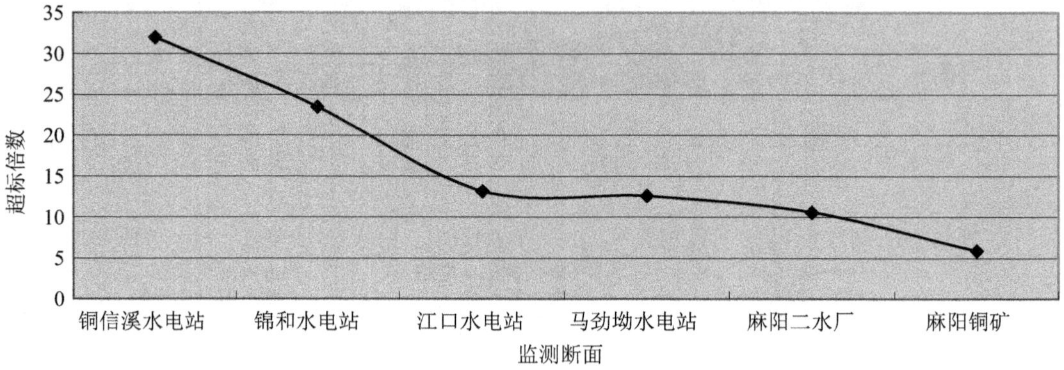

图 3.8　锦江湖南段关键监测点位锰最高超标倍数变化图

3.1.5.5　结论

本次应急监测涉及面广，但反应迅速，分析准确，将污染团首尾牢牢锁定，成为成功开展应急监测的典范。

（1）协同作战，开展应急监测

本次应急监测开始后，立即调动了几个市（州）的环境监测力量驰援，各路人马聚齐后，集思广益，很快制订了完整的应急监测方案，并形成了统一的分析方法，通过严格的质控措施保证应急监测结果准确、可靠。在后续应急监测过程中，又从县（市、区）站抽调一批技术骨干充实现场采样和实验室分析力量，采取三班倒的制度，保证应急监测的连续性。上下联动，左右协同，各项工作有条不紊。

（2）动员社会力量，支持应急监测

纵观应急监测全过程，应仔细区分技术和非技术单元。生态环境专业人员主要承担技术性工作，而非技术性单元可安排社会力量承担，避免应急监测过程中生态环境部门单打独斗、疲惫不堪的被动局面。应急监测过程中，在水样运送环节，人力消耗大，成本高，需要时间长，技术含量不高，只要工作人员责任心强、行车安全就能顺利完成任务。在本次应急监测过程中，县委、县政府调集直属机关和乡镇的车辆、人员参与水样运送工作，确保了水样及时送检。

（3）强化分析技术、完善仪器设备，保障应急监测的时效性

本次应急监测启动之初，一度陷入被动，由于县级生态环境监测机构不具备该项监测能力，需要临时组织力量技术攻关，以至在最紧张、最能体现应急监测重要性的时候数据迟迟出不来，影响形成应急管理决策的及时性。因此，各级生态环境监测机构一定要加强分析技术练兵和储备，关键时刻测得出、测得准。

应急监测状态下，合理的工作半径是提高数据时效性的重要前提条件。本次应急监测每隔 50 公里左右设一个实验室，送样强度合适，避免了疲劳驾驶现象，分析数据及时。因此，对应急监测任务重的省、市，建设流动实验室，把台式原子吸收仪、气相色谱仪等大型仪器固定到车上是完全有必要的。

应急监测启动后，首先依托当地生态环境监测实验室，同时，将流动实验室布局到合适位置，均衡送样、分析任务。

（4）创新应急监测理念

应急监测中设备和技术是基础，而清醒的决策至关重要。应保证核心决策参考数据一个不少，可有可无的数据尽量少，从而节省监测资源。在监测力量部署到位后，要善于利用社会力量共同完成监测任务，充分应用网络技术，及时沟通，并把应急监测结果完整、直观地表达出来。

3.2　有机物类

3.2.1　固体废物非法倾倒：湘阴固体废物非法倾倒事件

3.2.1.1　事件基本情况

2018 年 4 月 1 日 12 时 30 分，当事人金瑜驾驶货车，将宁乡市夏铎铺镇机械工业园湖南鑫天化工涂料有限公司产生的危险废物（废油漆桶、油漆渣和油漆与水混合物）等危险废物倾倒在湘阴县岭北镇双华村境内（口信湾小区）湘江河滩上无防渗措施的沙坑内。

3.2.1.2　事件应对情况

事故发生后，原湘阴县环境保护局对当事人的环境违法行为立案调查，4 月 1 日，开展了现场监察。4 月 8 日，原湘阴县环境保护局委托有资质检测公司对案件中所涉及固体废物和液体废物进行分析检测。4 月 16 日，原湘阴县环境保护局请原岳阳市环境保护局批示，该案中无反渗露措施的沙坑为《关于办理环境污染刑事案件适用法律若干问题的解释》文件中表述的渗坑。4 月 17 日，原岳阳市环境保护局经过现场踏勘与咨询省厅相关部门后，认为利用湘江河滩的坑洼地倾倒、排放污染物的方式和行为，符合最高人民法院、最高人民检察院《关于办理环境污染犯罪案件适用法律若干问题的解释》第一条第五项、第十六条和《行政主管部门移送适用行政拘留环境违法案件暂行办法》第五条第三款规定的情形。5 月 10 日，依照相关法律要求将该案移交县公安局依法查处。调查中发现，当事人金瑜供述还在长沙市高新区一废弃垃圾场倾倒了一车危险废物。6 月 4 日，原湘阴县环境保护局函原高新区环境保护局，建议采取以下措施：（1）组织合适的挖掘工具将埋在建筑垃圾下面的危险废物起出；（2）将起出的危险废物过磅后封存于符合环保要求的暂存点；（3）对危险废物倾倒的地方采取有效措施，防止污染进一步扩散。

3.2.1.3　应急监测方案

（1）监测项目

固体废物中的铜、锌、镉、铅、铬、铍、钡、镍、银、砷、硒、汞；废水中的铜、锌、铬、镍、银、钡、铍、铅、镉、砷、硒、汞、苯、甲苯、乙苯、对二甲苯、间二甲苯、邻二甲苯、氯苯、邻二氯苯、对二氯苯、三氯甲烷、四氯化碳、三氯乙烯、四氯乙烯。

（2）监测分析方法

固体废物中的铜、锌、镉、铅、铬、铍、钡、镍、银、砷、硒的测定依据标准《危险废物鉴别标准浸出毒性鉴别 附录 A》（GB 5085.3—2007），固体废物中汞的测定依据标准《原子荧光光度法》（HJ 694—2014）；废水中的铜、锌、铬、镍、银、钡、铍的测定依据标准《电感耦合等离子体发射光谱法》（HJ 776—2015），废水中的铅、镉的测定依据标准《水和废物监测分析方法》（第四版增补版），废水中的砷、硒、汞的测定依据标准《原子荧光光度法》（HJ 694—2014），废水中的苯、甲苯、乙苯、对二甲苯、间二甲苯、邻二甲苯、氯苯、邻二氯苯、对二氯苯、三氯甲烷、四氯化碳、三氯乙烯、四氯乙烯的测定依据标准《顶空/气相色谱-质谱法》（HJ 810—2016）。

（3）监测仪器

电感耦合等离子体发射光谱仪、原子荧光仪、石墨炉原子吸收仪、顶空/气相色谱-质谱仪。

（4）监测内容

点位布设：在受污染地埋深 15 cm、25 cm 和 40 cm 处分别采集土壤样品，采集危废固体样品和液体样品。

评价标准及方法：（a）固体样品标准限值参照《危险废物鉴别标准 浸出毒性鉴别》（GB 5085.3—2007）表 1 中标准限值；（b）液体样品标准限值参照《污水综合排放标准》（GB 8978—1996）表 1 第一类污染物最高允许排放浓度和表 3.4 第二类污染物最高允许排放浓度 1 级标准。

（5）质量保证措施

严格按照实验室质量控制要求开展分析工作。

3.2.1.4　监测数据分析

（1）固体废物样品测定

2018 年 4 月 8 日采集回样品，受委托公司随即对污染土壤 15 cm、污染土壤 25 cm、污染土壤 40 cm、危废仓库固体样品进行分析测定，监测因子有铜、锌、镉、铅、铬、铍、钡、镍、银、砷、硒、汞共 12 个，见表 3.9。监测数据表明，所有指标均未超标。

表 3.9　固体废物检测结果

时间	检测因子	检测结果				标准值
		污染源土壤（15 cm）	污染源土壤（25 cm）	污染源土壤（40 cm）	危废仓库（固体）	
4 月 8 日	铜浓度/(mg/L)	ND	ND	ND	ND	100
	锌浓度/(mg/L)	ND	1.444	0.222	1.386	100
	镉浓度/(mg/L)	ND	0.050	ND	ND	1
	铅浓度/(mg/L)	ND	ND	ND	ND	5
	总铬浓度/(mg/L)	0.03	ND	0.02	1.07	15
	汞浓度/(mg/L)	ND	ND	ND	ND	0.1
	铍浓度/(mg/L)	ND	ND	ND	ND	0.02
	钡浓度/(mg/L)	0.069	0.270	0.132	0.246	100
	镍浓度/(mg/L)	ND	ND	ND	ND	5
	银浓度/(mg/L)	ND	ND	ND	ND	5
	砷浓度/(mg/L)	ND	ND	ND	ND	5
	硒浓度/ (mg/L)	ND	ND	ND	ND	1

注：(1) 标准值源自《危险废物鉴别标准 浸出毒性鉴别》(GB 5085.3—2007) 表 1 中标准限值；(2) ND 表示低于该方法检出限。

(2) 液体废物样品测定

2018 年 4 月 8 日采集回样品，受委托公司随即对危废仓库液体样品进行分析测定，监测因子有铜、锌、铬、镍、银、钡、铍、铅、镉、砷、硒、汞、苯、甲苯、乙苯、对二甲苯、间二甲苯、邻二甲苯、氯苯、邻二氯苯、对二氯苯、三氯甲烷、四氯化碳、三氯乙烯、四氯乙烯共 25 个，见表 3.10。监测数据表明，乙苯超标 30.7 倍，对二甲苯超标 8.9 倍，间二甲苯超标 4.1 倍，氯苯超标 7.1 倍，四氯化碳超标 40.9 倍。

表 3.10　液体废物检测结果

时间	样品信息	检测因子	单位	检测结果	标准值
4 月 8 日	危险仓库（液体）	铜	mg/L	ND	0.5
		锌	mg/L	0.041	2.0
		镉	mg/L	ND	0.1
		铅	mg/L	ND	1.0
		铬	mg/L	0.08	1.5
		汞	mg/L	ND	0.05
		铍	mg/L	ND	0.005
		钡	mg/L	0.02	/
		镍	mg/L	ND	1.0
		银	mg/L	ND	0.5
		砷	mg/L	ND	0.5
		硒	mg/L	ND	0.1
		苯	mg/L	0.095 8	0.1
		甲苯	mg/L	0.024 2	0.1
		乙苯	mg/L	12.674 8	0.4
		对二甲苯	mg/L	3.961 6	0.4
		间二甲苯	mg/L	2.023 6	0.4
		邻二甲苯	mg/L	ND	0.4
		氯苯	mg/L	1.624 0	0.2
		邻二氯苯	mg/L	ND	0.4
		对二氯苯	mg/L	ND	0.4
		三氯甲烷	mg/L	0.018 4	0.3
		四氯化碳	mg/L	1.258 4	0.03
		三氯乙烯	mg/L	0.019 2	0.3
		四氯乙烯	mg/L	0.089 3	0.1

注：（1）标准值源自《污水综合排放标准》（GB 8978—1996）表 3.8 第一类污染物最高允许排放浓度和表 3.9 第二类污染物最高允许排放浓度 1 级标准；（2）ND 表示低于该方法检出限。

3.2.1.5　结论

湘阴固体废物非法倾倒事件发生后，应急监测期间的数据结果表明：

（1）污染地土壤未受重金属污染。

（2）废水样品有部分因子超标，其中乙苯超标 30.7 倍，对二甲苯超标 8.9 倍，间二甲苯超标 4.1 倍，氯苯超标 7.1 倍，四氯化碳超标 40.9 倍。

对于理化性质未知的危险废物泄露应先对现场进行勘察，有必要的先对事故源的辐射性进行排查，然后，再开展水、气、土壤等其他方面的环境监测，并合理安排监测顺序，科学采样。

3.2.2　湖南株洲"4.17"湘江运砂船机油泄漏事件

3.2.2.1　事件基本情况

2014 年 4 月 17 日 11 时左右，湖南省株洲市湘江辰州滩水域一下行运砂船（湘长沙机 6289），因操作不当，船体触礁，船舱进水坐沉，200 余升动力柴油和机舱油污水泄漏入湘江，形成数公里长的零散油污带。

3.2.2.2　事件应对情况

事件发生后，原湖南省环境保护厅立即核实情况并部署应急响应工作，采取的主要措施如下：一是在湖南省政府的统一协调下，长沙、株洲、湘潭的海事、水务、生态环境、中石化等部门（单位）对受影响江段的油污进行拦截、收集和打捞。本次事件共调集 10 艘船只、2 条海巡艇及大量消油设备物资。4 月 19 日，对巡查中发现的约 10 米长、20 米宽的油污带进行了及时清理，事后将吸有油污的吸油毡送至水泥厂焚烧处理。在积极处理江面零星浮油的同时，在可能受到影响的沿岸各自来水厂取水口附近设置了隔油围栏。准备了应急物资，在进水预处理环节增加了活性炭吸附，并加强对供水水质的监测，确保了供水安全。二是原省环境监测中心站指导协调长沙、株洲、湘潭三市环境监测部门开展应急监测工作，及时收集整理监测数据，科学研判，准确掌握污染带迁移信息，优化调度监测方案，合理安排监测资源和频次，为应急决策提供了有力的技术支撑。应急过程中，长株潭三市共对 8 个湘江地表水监测断面、6 个水厂取水口进行了加密监测。监测结果表明，湘江长株潭段水质除事发初期事发点附近出现个别监测数据超标外，其他均无异常。株洲、湘潭、长沙分别于 4 月 19 日 9 时、13 时、20 时终止应急响应。

3.2.2.3　应急监测方案

（1）点位布设

湘江株洲段设置：一水厂源水、二水厂源水、霞湾、马家河 4 个监测点位。

湘江湘潭段设置：湘潭县自来水厂源水、市一水厂源水、市三水厂源水、五星、易家湾、昭山 6 个监测点位。

湘江长沙段设置：昭山、坪塘、猴子石 3 个监测点位。

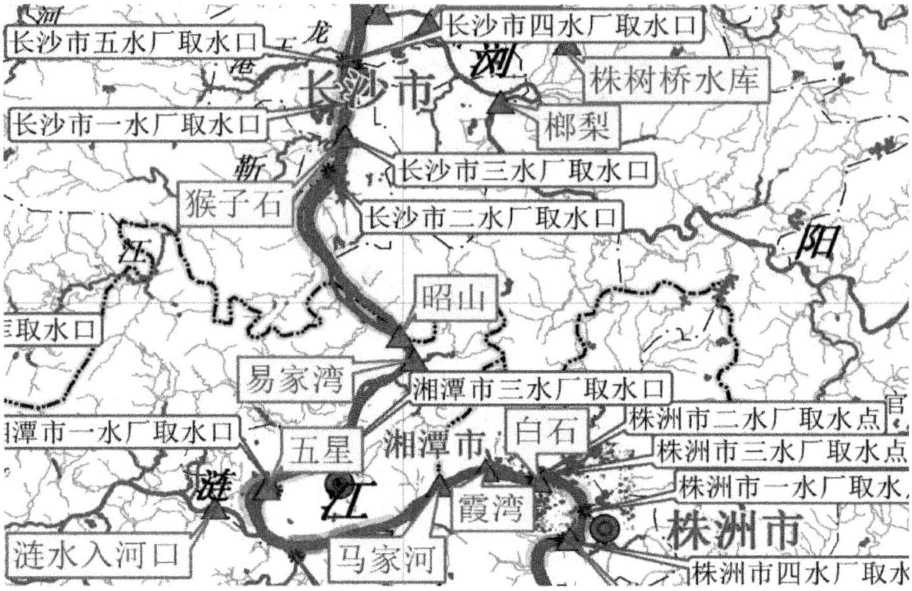

图 3.9 监测点位设置图

注：霞湾距马家河约 5.8 km，马家河距猴子石约 66 km。

（2）监测项目：石油类。

（3）监测时间、频次：各断面监测频次为每 1 小时监测 1 次。

（4）监测分析方法、监测仪器：红外分光光度法（HJ 637—2012）（石油类），红外测油仪。

（5）质量保证措施：每批做 2 个以上实验室空白，实验室分析必须有标准样品保证值分析、平行样相对标准偏差分析等质控措施。

（6）评价标准及方法：执行《地表水环境质量标准》GB 3838—2002Ⅲ类标准。

（7）结果报送：监测数据出来后立即以短信、邮件、传真等方式同时上报应急监测指挥部。

3.2.2.4 监测数据分析

（1）湘江株洲段

4 月 17 日，株洲一、二水厂源水未受到油污带的影响，水质达标；18 日 15 时左右，马家河断面水质中石油类最高检测浓度为 0.508 mg/L，超标 9.16 倍；随着时间推移，至 18 日 18 时，浓度显著下降，马家河中水质中石油类已经达标，马家河左仍超标 2.76 倍；由于夜间无船，马家河断面中、左点位的数据截止到 18 日 18 时 35 分。18 日 23 时，马家河右的水质中石油类浓度降到 0.042 mg/L，低于标准限值（见图 3.10）。

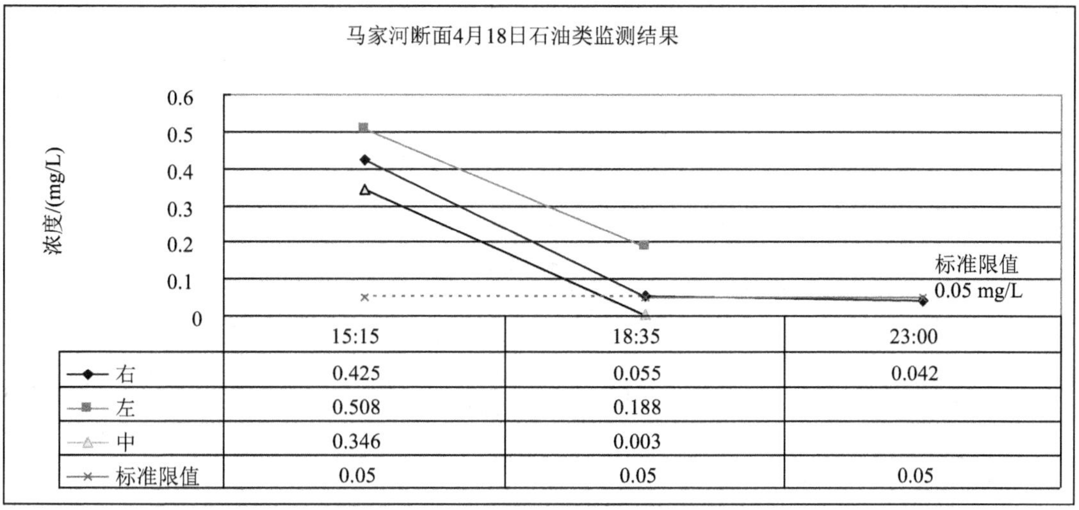

图 3.10　4 月 18 日马家河断面水质石油类变化趋势图

（2）湘江湘潭段

油污团进入湘潭后，对湘潭县自来水厂源水、湘潭市一水厂源水造成了一定的污染影响，但影响时间较短，对湘潭市三水厂源水未造成影响（见图 3.11）。

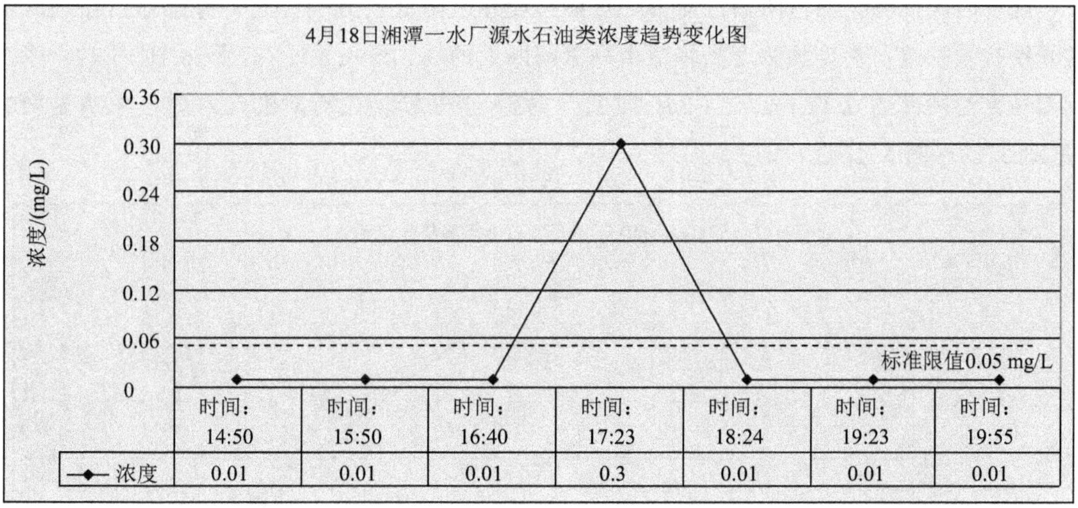

图 3.11　4 月 18 日湘潭一水厂源水石油类变化趋势图

油污团前峰于 18 日 17 时左右到达湘潭五星断面（一水厂江中取水口），峰值为 0.30 mg/L，超标 5 倍；19 日 4 时左右到达湘潭易家湾断面，5 时出现峰值，9 时许已经完全过境，断面左浓度相对较高，捕捉到的最大值为 0.20 mg/L，超标 3 倍（见图 3.12）。

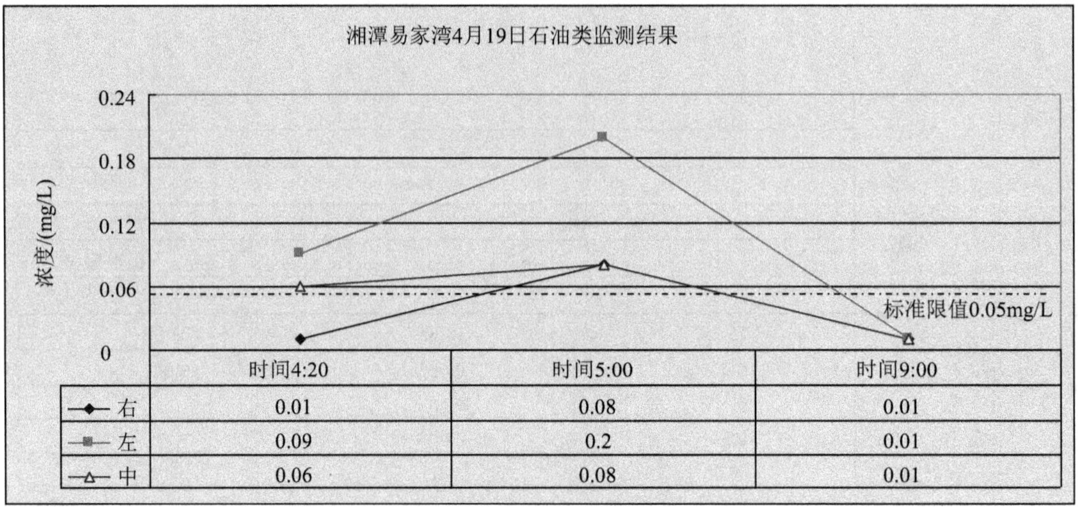

图 3.12 4 月 19 日湘潭易家湾断面水质石油类变化趋势图

（3）湘江长沙段

油污团进入长沙境内后，各监测点位石油类未检出，对湘江水质无明显影响。

（4）油污团在湘江干流变化趋势

随着时间推移，油污团顺江而下，污染强度逐级降低；另一方面，海事部门在湘潭境内开展有效处置。污染物浓度高峰值由马家河断面的 0.426 mg/L（4 月 18 日 15 时）降至湘潭易家湾断面的 0.12 mg/L（4 月 19 日 4 时），至长沙境内后对湘江水质已无明显影响（见图 3.13～图 3.15）。

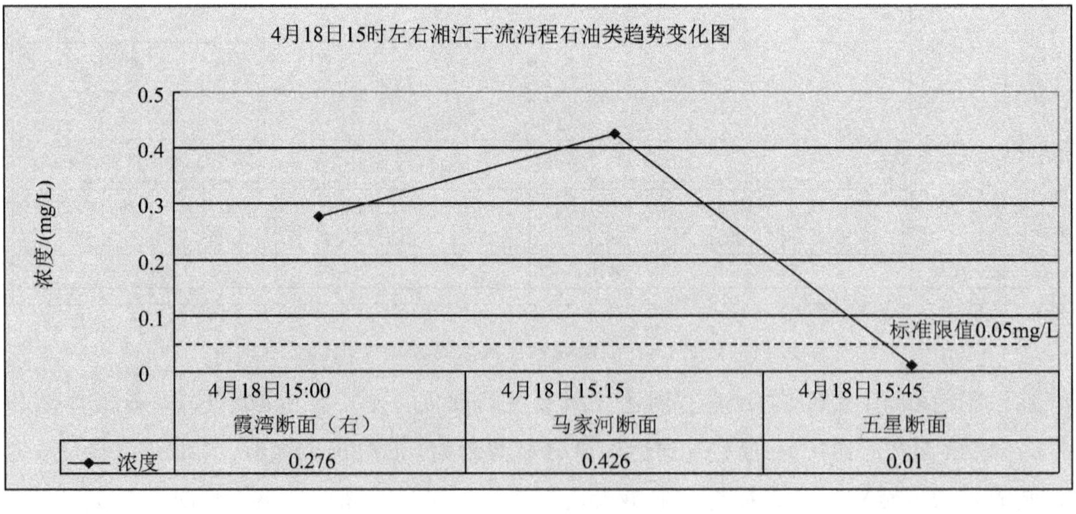

图 3.13 4 月 18 日 15 时左右湘江干流沿程石油类变化趋势图

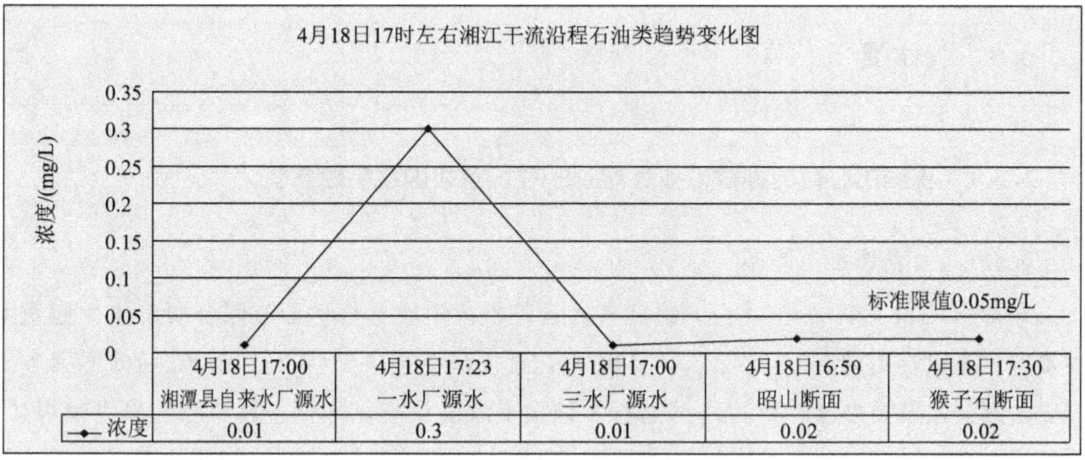

图 3.14　4 月 18 日 17 时左右湘江干流沿程石油类变化趋势图

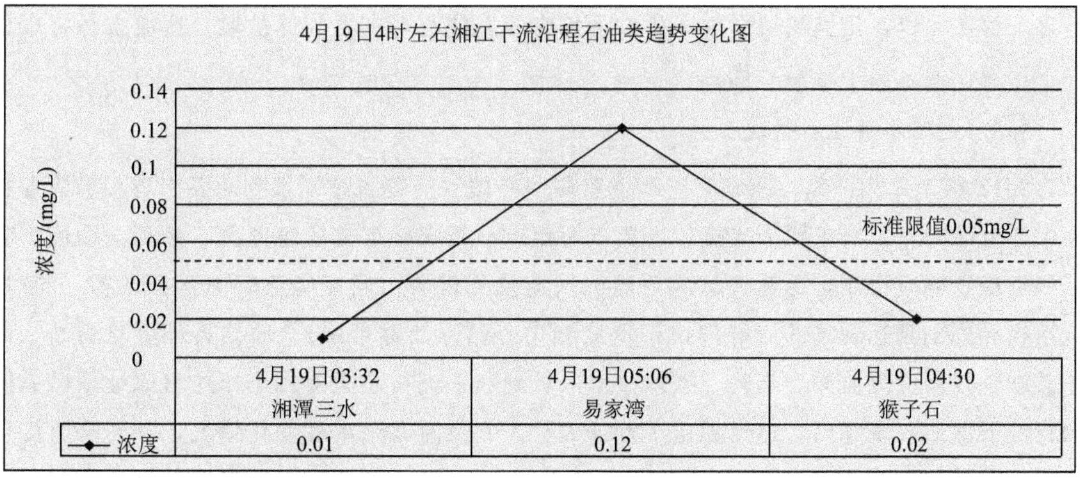

图 3.15　4 月 19 日 4 时左右湘江干流沿程石油类变化趋势图

3.2.2.5　结论

在省委、省政府的指导下，各省直相关部门全力配合，长沙、株洲、湘潭市生态环境监测部门积极稳妥处置，保障了供水安全。事件处置工作中跨行政区域应急联动得到提升，上、下游之间信息及时通报，保证了信息共享渠道畅通，对污染团的推进、水质变化做出了准确预判。但也暴露出了一些问题和不足：缺少精良的石油类便携式现场监测仪器，主要依靠常规实验室仪器和国家标准分析方法，监测效率低、劳动强度大。如果配备有便携式、性能稳定、操作简单的仪器，可以大幅提高工作效率，减轻劳动强度。

3.3 气体类

3.3.1 株洲市攸县吉林桥矿业公司“5·7”重大中毒窒息事故

3.3.1.1 事件基本情况

2017年5月7日8时18分，株洲市攸县黄丰桥镇吉林桥矿业有限公司发生一起重大中毒窒息事故，造成18人死亡，37人受伤，直接经济损失2 056.6万元。后根据国务院安委会办公室安委办〔2017〕16号通报和该次事故的调查结果，吉林桥煤矿属乡镇煤矿，为证照齐全的生产矿井，核定生产能力21万吨/年，低瓦斯矿井，与相邻的石等下煤矿井下采空区相联通。石等下煤矿2014年关闭后，石等下煤矿一原股东组织人员在该矿井口附近非法建设了化工冶炼小作坊，收集废弃电子产品冶炼提取贵金属，并擅自打开关闭的石等下煤矿井口，用鼓风机向井下排放冶炼废气，使有毒有害气体扩散，造成吉林桥煤矿井下违规作业人员中毒窒息伤亡。

3.3.1.2 事件应对情况

2017年5月7日晚，原湖南省环境监测中心站（简称省站）接到原湖南省环境应急指挥中心电话指令，要求派人支援攸县黄丰桥镇吉林桥煤矿事故应急监测。接到电话后，省站根据应急响应机制，迅速调试应急监测快速检测仪器，调集应急车辆驰援现场。同时，电话指导先期到达现场的原株洲市环境监测中心站（简称市站）、原攸县环境监测站（简称县站）开展应急监测。当晚，省站技术人员到达中洲村非法冶炼小作坊（原址系已关闭的石等下煤矿）现场后，迅速锁定了特征因子，并及时跟踪浓度变化情况，并同步监测周边居民区环境空气质量状况，5月7日至5月9日，组织省站、株洲市站、攸县县站开展了为期三天的应急监测，为该次事故的现场处置与原因分析提供了快速可靠的数据支持。

3.3.1.3 应急监测方案

应急监测首要解决的问题是锁定污染因子、查找污染源、判断污染团的扩散趋势以及监控敏感点的安全。针对此次应急监测实际情况，应急组开展了特征污染因子锁定、特征污染因子的跟踪监测、特征污染因子扩散情况监测、环境空气敏感点监测。

监测项目：由最初的无机气体、有机气体全覆盖监测，到无机气体监测，再到一氧化碳特征因子监测，逐步减少因子。

监测分析方法：根据应急监测技术规范和实际情况，选用《环境空气 氯气等有毒有害气体的应急监测 电化学传感器》（HJ 872—2017），《固定污染源废气 二氧化硫的测定 定电位电解法》（HJ 57—2017），《固定污染源排气中二氧化硫的测定 碘量法》（HJ/T

56—2000)》，《固定污染源废气 一氧化碳的测定定电位电解法》（HJ 973—2018），《固定污染源排气中一氧化碳的测定 非色散红外吸收法》（HJ/T 44—1999），《空气质量甲醛的测定乙酰丙酮分光光度法》（GB/T 15516—1995），《固定污染源废气 总烃、甲烷和非甲烷总烃的测定 气相色谱法》（HJ 38—2017），《环境空气 挥发性有机物的测定罐采样/气相色谱-质谱法》（HJ 759—2015）。

质量保证措施：现场分析与实验室分析比对，现场多仪器分析比对；每次分析添加一个国家有证标准物质，一个空白样品，同时添加 10％的平行样品；数据进行三级审核；确保数据质量符合国家监测数据质量控制要求。

点位布设：根据应急监测技术规范进行应急监测点位布设，如图 3.16 所示。事故发生地点石等下煤矿三面为山，居民点基本坐落在西北方向，因此设置 1＃石等下煤矿、2＃巷道排风口 10 m 处、3＃吉林桥煤矿、4＃居民点 1、5＃柴家铺民居、6＃未知民房前坪、7＃居民点 2、8＃某民居北 200 m 处等 8 处监测点位。

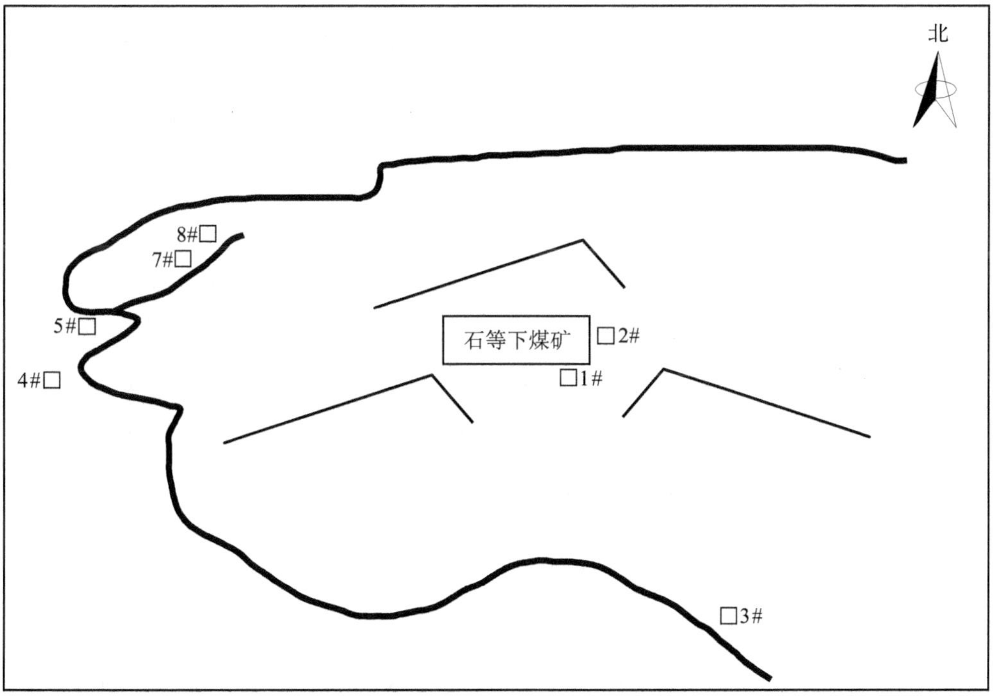

图 3.16　应急监测点位布设示意图

3.3.1.4　监测数据分析

（1）特征污染因子锁定

5 月 7 日晚，现场应急监测小组采用 TY2000-B 便携式气体分析仪对石等下煤矿废弃巷道抽风口外空气进行现场检测，同时，采用吸收液、气袋和注射器采集样品送回株洲市站实验室分析，监测因子为CO、SO_2、甲醛、氯气、磷化氢、硫化氢、甲烷、非甲烷总烃等8个，见表3.11。监测数据表明，CO、SO_2和非甲烷总烃均有检出超标的情况，其中CO的超标倍数最大，监测浓度值达216～288 mg/m³，超过《环境空气质量标准》（GB 3095—2012）二级标准小时浓度值的20.6～27.8倍。

表3.11　5月7日晚石等下煤矿废弃巷道出风口外空气监测数据

采样时间	CO浓度/(mg/m³)	SO_2浓度/(mg/m³)	甲醛浓度/(mg/m³)	氯气浓度/(mg/m³)	磷化氢浓度/(mg/m³)	硫化氢浓度/(mg/m³)	甲烷浓度/(mg/m³)	非甲烷总烃浓度/(mg/m³)	备注
22:05	＞62.5	0.221	/	/	/	/	14.28	9.3	实验室分析
22:30	＞62.5	0.13	/	/	/	/	12.49	8.0	实验室分析
22:50	＞62.5	0.22	/	/	/	/	/	/	实验室分析
23:30	216～288	5.92	1.00	/	/	3.16	/	/	现场检测
标准限值	10	0.5	/	/	/	/	/	4	/

注：(1) CO和SO_2标准限值参照《环境空气质量标准》（GB 3095—2012）二级；(2) 非甲烷总烃的标准限值参照《大气污染物综合排放标准》（GB 16297—1996）中表二“无组织排放监控浓度限值”。

同时，采用苏码罐采集该测点空气样品后，送回实验室，由株洲市站采用气质联用仪对4-乙基甲苯、一溴甲烷、氯乙烷、溴乙烯、1，2，2-三氟-1，1，2-三氯乙烷、二硫化碳、2-甲氧基-甲基丙烷、正己烷、乙酸乙烯基酯、1，1-二氯乙烯、乙酸乙酯、氯仿、1，1，1-三氯乙烯、环己烷、四氯化碳、苯、氯乙烯、正庚烷、三氯乙烯、一溴二氯甲烷、顺1，3-二氯-1-丙烯、4-甲基-2戊酮、甲苯、反1，3二氯-1-丙烯、1，1，2-三氯乙烷、四氯乙烯、2-已酮、二溴一氯甲烷、1，2-二溴乙烷、乙苯、间二甲苯、对二甲苯、三溴甲烷、四氯乙烷、1，3，5-三甲苯、1，2，4-三甲苯、二氟二氯甲烷、异丙醇、1，2-二氯丙烷、氯苯、1，4-二氯苯、1，3-二氯苯、氯代甲苯、1，2-二氯苯、1，2，4-三氯苯、六氯丁二烯、四氟二氯乙烷、一氟三氯甲烷等48种挥发性有机物进行定量分析。结果表明，除苯的检出浓度为0.15～0.61 mg/m³外（苯的《大气污染物综合排放标准》中“无组织排放监控浓度限值”为0.4 mg/m³），其余物质检出浓度均低于检出限。苯的监测浓度值见表3.12。

表 3.12　5 月 7 日晚石等下煤矿废弃巷道出风口外空气中苯监测数据

采样时间	苯浓度/(mg/m^3)
22:05	0.15
22:10	0.30
22:20	0.58
22:30	0.23
22:50	0.61
备注	实验室分析

注：苯的标准限值参照《大气污染物综合排放标准》(GB 16297—1996) 中“无组织排放监控浓度限值”0.4 mg/m^3。

根据上述监测结果判断，石等下煤矿废弃巷道抽风口外空气中的主要特征污染因子为 CO。

(2) 对特征污染因子的跟踪监测

锁定特征因子后，监测人员对石等下煤矿废弃巷道抽风口外空气中的 CO、SO_2、非甲烷总烃进行跟踪监测，观察特征污染因子的浓度变化情况，详见表 3.13。

表 3.13　石等下煤矿废弃巷道出风口外 CO、SO_2、非甲烷总烃跟踪监测数据

监测日期	采样时间	CO 浓度/(mg/m^3)	SO_2 浓度/(mg/m^3)	苯浓度/(mg/m^3)	非甲烷总烃浓度/(mg/m^3)	备注
5 月 8 日	10:10	36	/	/	/	现场检测
5 月 8 日	12:00	48.5	0.055	/	2.0	实验室分析
5 月 8 日	13:30	39.8	0.020	/	0.7	实验室分析
5 月 8 日	14:30	40.2	0.044	/	0.6	实验室分析
5 月 8 日	16:00	38	/	/	/	现场检测
5 月 8 日	16:35	36.2	/	/	/	实验室分析
5 月 9 日	11:10	14	/	/	/	现场检测
5 月 9 日	12:00	23.9	0.048	0.195	0.6	实验室分析
5 月 9 日	13:00	19.6	0.046	0.20	0.3	实验室分析
5 月 9 日	14:00	18.8	0.054	/	1.3	实验室分析
5 月 9 日	14:00	13	/	/	/	现场检测
标准限值		10	0.5	0.4	4	/

注：(1) CO 和 SO_2 标准限值参照《环境空气质量标准》(GB 3095—2012) 二级；(2) 非甲烷总烃的标准限值参照《大气污染物综合排放标准》(GB 16297—1996) 中表二“无组织排放监控浓度限值”。

表 3.13 数据表明，5 月 8 日至 5 月 9 日测点空气中 CO、SO_2、非甲烷总烃的浓度，呈逐渐下降趋势，截至 5 月 9 日 14 时，除 CO 略有超标外，SO_2 和非甲烷总烃 2 项指标均已降至标准限值以内。5 月 9 日 13 时，苯浓度已降至标准限值以内。

（3）特征污染因子扩散情况监测

5 月 8 日上午，监测人员对距离石等下煤矿废弃巷道抽风口外约 20 m、50 m、70 m 处的 CO 浓度进行了现场检测，结果见表 3.14。数据表明，随着与抽风口距离的增加，环境空气中 CO 浓度的衰减速度较快，距抽风口约 70 m 处的监测值已降至参照标准限值以内。根据现场勘察，石等下煤矿约 700 m 内无居民点，由此可推测，该浓度水平的 CO 扩散不会影响周边居民生活。

表 3.14　废弃巷道抽风口周边空气中 CO 监测数据

测点位置	距抽风口约 70 m	距抽风口约 50 m	距抽风口约 20 m	备注
CO 浓度/(mg/m^3)	4.5	12	36	现场检测

注：CO 的标准限值参照《环境空气质量标准》(GB 3095—2012) 二级 10 mg/m^3。

（4）环境空气敏感点监测

监测期间，为了解周边环境空气质量是否受到影响，根据周边环境和敏感点分布情况，在附近居民区布设了 5 个空气监测点位（点位分布见图 3.1），进行了现场跟踪监测。监测结果见表 3.15。

表 3.15　环境空气敏感点监测数据

监测点位	监测日期	采样时间	CO 浓度/(mg/m^3)	SO_2 浓度/(mg/m^3)	甲醛浓度/(mg/m^3)	氯气浓度/(mg/m^3)	磷化氢浓度/(mg/m^3)	硫化氢浓度/(mg/m^3)	甲烷浓度/(mg/m^3)	监测仪器
4#	5 月 8 日	1:44	ND	0.29	ND	ND	ND	0.24	ND	TY2000-B
	5 月 8 日	5:32	ND	0.29	ND	ND	ND	ND	ND	TY2000-B
	5 月 8 日	7:25	ND	ND	ND	ND	ND	ND	ND	TY2000-B
	5 月 8 日	17:30	ND	/	/	/	/	/	/	热电 E48i
	5 月 8 日	20:15	ND	ND	ND	ND	ND	ND	ND	TY2000-B
	5 月 9 日	11:40	ND	ND	ND	ND	ND	ND	ND	TY2000-B
	5 月 9 日	14:20	ND	ND	ND	ND	ND	ND	ND	TY2000-B

续表

监测点位	监测日期	采样时间	CO浓度/(mg/m³)	SO_2浓度/(mg/m³)	甲醛浓度/(mg/m³)	氯气浓度/(mg/m³)	磷化氢浓度/(mg/m³)	硫化氢浓度/(mg/m³)	甲烷浓度/(mg/m³)	监测仪器
5#	5月8日	1:50	ND	0.29	ND	ND	ND	0.24	ND	TY2000-B
	5月8日	5:25	ND	ND	ND	ND	ND	ND	ND	TY2000-B
	5月8日	7:30	ND	ND	ND	ND	ND	ND	ND	TY2000-B
	5月8日	17:35	ND	/	/	/	/	/	/	热电E48i
	5月8日	20:20	ND	ND	ND	ND	ND	ND	ND	TY2000-B
	5月9日	11:45	ND	ND	ND	ND	ND	ND	ND	TY2000-B
	5月9日	14:25	ND	ND	ND	ND	ND	ND	ND	TY2000-B
7#	5月8日	2:05	ND	0.29	ND	0.17	ND	0.24	ND	TY2000-B
	5月8日	3:00	ND	0.29	ND	ND	ND	0.24	ND	TY2000-B
	5月8日	4:00	ND	ND	ND	ND	ND	ND	ND	TY2000-B
	5月8日	5:15	ND	ND	ND	ND	ND	ND	ND	TY2000-B
	5月8日	7:00	ND	ND	ND	ND	ND	ND	ND	TY2000-B
	5月8日	17:40	ND	/	/	/	/	/	/	热电E48i
	5月8日	20:25	ND	ND	ND	ND	ND	ND	ND	TY2000-B
	5月9日	11:50	ND	ND	ND	ND	ND	ND	ND	TY2000-B
	5月9日	14:30	ND	ND	ND	ND	ND	ND	ND	TY2000-B
8#	5月8日	7:05	ND	ND	ND	ND	ND	ND	ND	TY2000-B
	5月8日	17:45	ND	/	/	/	/	/	/	热电E48i
	5月8日	20:30	ND	ND	ND	ND	ND	ND	ND	TY2000-B
	5月9日	11:55	ND	ND	ND	ND	ND	ND	ND	TY2000-B
	5月9日	14:35	ND	ND	ND	ND	ND	ND	ND	TY2000-B
6#	5月8日	7:15	ND	ND	ND	ND	ND	ND	ND	TY2000-B
	5月8日	17:50	ND	/	/	/	/	/	/	热电E48i
	5月8日	20:35	ND	ND	ND	ND	ND	ND	ND	TY2000-B
	5月9日	12:00	ND	ND	ND	ND	ND	ND	ND	TY2000-B
	5月9日	14:40	ND	ND	ND	ND	ND	ND	ND	TY2000-B

注：(1) 采用仪器TY2000-B测定，CO的检出限为1.25 mg/m³，SO_2的检出限为0.29 mg/m³，甲醛的检出限为0.03 mg/m³，氯气的检出限为0.17 mg/m³，磷化氢的检出限为0.74 mg/m³，硫化氢的检出限为0.15 mg/m³，甲烷的检出限为379 mg/m³；(2)"ND"表示"未检出"。

表 3.15 的数据表明：监测期间，此次事故煤矿周边 5 个居民环境空气测点所测指标浓度值均低于《环境空气质量标准》（GB3095—2012）二级标准小时浓度值以及日均浓度值，居民区环境空气质量未受此次事故影响。

（5）监测数据分析小结

株洲市攸县吉林桥矿业公司“5·7”重大中毒窒息事故发生后，环境应急监测的数据结果表明：

（a）石等下煤矿废弃巷道抽风口附近检出的有毒气体为 CO、SO_2、苯、甲烷、非甲烷总烃等，其中 CO 为特征因子，超标倍数最大，最大超标倍数为 27.8。

（b）从石等下煤矿废弃巷道抽风口排出的有毒气体浓度随时间推移稳步下降，至 5 月 9 日下午，除 CO 略有超标外，SO_2、非甲烷总烃和苯 3 项指标均已降至参照标准限值以内。周边环境空气中 CO 浓度随着与抽风口距离的增加而快速下降，5 月 8 日上午，在距抽风口约 70 m 处的浓度值已降至参照标准限值以内。

（c）从 5 月 8 日凌晨起至 5 月 9 日下午，所布设的 5 个居民区测点周边环境空气质量未受影响。

3.3.1.5　结论

本次应急监测属于典型的气体突发事故，特征因子未知，距离事故点 1 km 即有居民聚集区，且处于山区，部分路段需要步行，监测难度较大。但由于整个应急监测过程调度合理，方案完备，监测结果不仅成功锁定特征因子，更是阐述污染扩散趋势、保障敏感点环境质量的主要依据，为决策部门应对事故提供支撑。总结如下：

（1）重视应急现场分析能力储备，按类别、因子补齐装备

突发事件涉及面广，碰到特征因子无法从其他信息获取的情况时更为复杂，这就需要监测部门具有较为完备的分析能力。本次应急监测就属于这种情况，事件初期，只知道是气体中毒事件，并不知道是无机气体还是有机气体。由于平时储备了相关的现场分析技术，涉及常见的 24 种挥发性有机物和 46 种无机气体，并储备了实验室定量定性分析挥发性和半挥发性有机物的分析能力，因此，能根据所获取的信息快速开展特征因子监测筛查工作，第一时间确认特征因子，为后续的应急救援、处置与事故原因调查工作奠定了基础，争取了时间。

（2）开展协同作战，建立综合调度机制

应急事件的发生时间、地点都是偶然性的，不能提前预测，对于事件发生地，第一时间进行精准监测的压力非常大。因此，需要打通技术通道，建立全省综合调度机制，建立省、市、县三级属地职责划分，多地协调作战原则，以便能随时快速应对。在本案例中，

由于迅速建立了省级生态环境监测部门牵头、多实验室联合的应急监测队伍，充分发挥各单位的优势资源，对大部分有机气体和常见无机有毒气体进行了排查，快速锁定了特征因子。同时，依据各单位实验室方法资质和不同现场仪器方法能力以及人员状况，开展多方法比对和不同频率及地点监测，不仅保障了现场监测数据质量也优化了监测资源，保障工作顺畅运行。

（3）打通信息接送通道，因地、因时制宜，及时调整完善应急监测方案

应急监测事件中，由于事态的发展无法预料，信息的报送和接收尤显重要，监测组织者需根据反馈的信息分阶段对监测方案及时调整，才能更好地服务决策部门。在第一阶段，事件的处置决策最需要搞清的是特征因子是什么，源头在哪里，是否对附近敏感点有影响。第二阶段则需要搞清有毒气体如何扩散，影响范围有多大。此时，需要开展画圈式的监测布点。第三阶段则为事件的尾声，需要搞清事件影响是否消除。在这个阶段需要调整监测频次。在株洲攸县的应急事件中，正是根据事件的发展，分阶段开展特征污染因子锁定、敏感点监测、特征污染因子扩散情况监测、特征污染因子跟踪监测等工作，有力支撑了事件的顺利处置。

3.4　其他类

3.4.1　长沙市岳麓区龙王港入湘江口黑臭水体排放突发环境事件

3.4.1.1　事件基本情况

在南园路排污箱涵处，有望城坡提升泵站将污水提升后导入岳麓污水处理厂，该提升泵站在线排污泵 8 台，6 用 2 备，总排污量约 16 万吨/天。该排污箱涵实际排污量近 20 万吨/天，未能泵入岳麓污水处理厂的污水约 4 万吨/天，未进入岳麓污水处理厂的污水一部分进入南园路的移动超磁水体净化站（其当前日处理污水量约为 2.4 万吨），其余的污水则未经过任何处理直接排入龙王港。龙王港径流量小、河流不畅，尾水滞留河床发酵变黑变臭。从 2018 年 6 月 28 日开始，龙王港自南园路排污箱涵到入湘江口段出现了上游水华、下游发生黑臭水体情况，黑臭水体入湘江后形成明显的污染界面。现场核查发现，龙王港入湘江口的水体流速较慢，几乎呈湖泊状态。河流整体颜色较深，且有明显臭味。在入湘江口处，与湘江干流界限非常清晰，如图 3.17～图 3.19 所示。

图 3.17　龙王港水体呈黑色

图 3.18　龙王港黑水与湘江干流界限明显

图 3.19　直接排入龙王港的污水

3.4.1.2　事件应对情况

2018 年 6 月 29 日上午 10 时，原长沙市环保局迅速组建应急专家组赴现场查看龙王港水体黑臭情况，并在岳麓区政府召开了龙王港入湘江段黑臭水体污染事件应急处置会议，提出应急处置建议措施：(1) 在水量许可的前提下，加大上游水库水力调度，增加下泄流量，对龙王港水体进行冲刷、稀释。(2) 在龙王港二级饮用水源保护区上游设置临时橡胶坝，在橡胶坝上游投加用于自来水处理的聚合氧化铝和 PAM，并配合投加硅藻土粉末，加快局部絮凝，降低黑臭感官影响。(3) 加强部门协调，立足堵源、截流，多方协作，加快整治，力求尽快见效。上午 11 时，原市环境监测中心站安排应急监测车赴龙王港，开展应急采样监测，并出具水质监测报告。上午 12 时开始，市环境监察支队会同高新区、岳麓区对龙王港流域范围开展涉水排污企业专项执法检查，先后对中联混凝土、九芝堂股份有限公司等 15 家单位的水污染防治设施运行情况、排水去向、出水水质逐一进行执法检查，其中：3 家停产基本无排水，12 家未发现环境违法行为。晚上 8 时，市环委办组织召开龙王港黑臭水体舆情事件调度处置会议，会议由市环保局党组副书记副局长李中秋主持，原市环保局、市住建委、市水务局、湘江新区、高新区、岳麓区分管负责人以及原市环境监察支队、原市环境监测中心站、原市环境应急中心和原市环保局相关处室负责人参加会议，会上各单位报告了龙王港水体黑臭原因分析和前期工作开展情况，市环委办潘胜强主任对下一步措施提出了明确要求。会议统一形成以下处置建议：高度重视龙王港水体黑臭舆情事件。要主动应对舆情。由岳麓区政府牵头主动、积极应对舆情，形成新闻通稿在 6 月 30 日统一发布。市住建委要加强望城坡泵站和岳麓污水处理厂的运行调度管理，合理调剂，挖掘处理潜能。市水务局（河长办）要迅速提请市级河长加强统筹调度，推进湘江新区、高新区、岳麓区，以及住建、水务、环保等相关部门各司其职，根据各自职责采取有效措施改善龙王港水质。市、区环境监测部门从 6 月 29 日开始对龙王港实施日测日报。市环境监察支队指导支持高新区、岳麓区加强对龙王港流域排口和排水大户的执法监管，发现问题，严格执法、严厉处置。高新区要在 7 月 20 日前完成 2.5 万吨/天的应急处理设施建设并投运。湘江新区要力争在 30 天内完成南园路污水临时处理设施的深度改造。酌情采取应急专家组提出的应急措施。

图 3.20　污水临时处理站工作人员给尾水加 PAC 絮凝剂

3.4.1.3　应急监测方案

（1）监测项目：化学需氧量、氨氮、总磷。

（2）监测分析方法：水质 化学需氧量的测定 重铬酸盐法 HJ 828—2017、水质 氨氮的测定纳氏试剂比色法 HJ 535—2009、水质 总磷的测定 钼酸铵分光光度法 GB/T 11893—1989。

（3）监测仪器：分光光度计。

（4）监测内容：

点位布设：对雷锋河谢家湾、肖河枫林路、龙王港梅溪湖、龙王港滨湖路、龙王港入湘江河口等 5 个点位开展应急采样监测。7 月 9 日至 11 日，对雷锋河谢家湾、肖河枫林路、龙王港梅溪湖、龙王港滨湖路 4 个点位进行连续跟踪监测。

评价标准及方法：(a) 化学需氧量标准限值参照《地表水环境质量标准》（GB 3838—2002），三类水限值为 20 mg/L，四类水限值为 30 mg/L，五类水限值为 40 mg/L；(b) 氨氮标准限值参照《地表水环境质量标准》（GB 3838—2002），三类水限值为 1.0 mg/L，四类水限值为 1.5 mg/L，五类水限值为 2.0 mg/L；(c) 总磷标准限值参照《地表水环境质量标准》(GB 3838—2002)，三类水限值为 0.2 mg/L，四类水限值为 0.3 mg/L，五类水限值为 0.4 mg/L。

(5) 质量保证措施：严格按照实验室分析质量控制要求采取质量控制措施。

3.4.1.4　监测数据分析

(1) 特征污染因子锁定

事发当天对雷锋河谢家湾、肖河枫林路、龙王港梅溪湖、龙王港滨湖路、龙王港入湘江河口 5 个点位开展应急采样监测，测定化学需氧量、氨氮、总磷，出具水质监测报告，报告显示，5 个点位均为劣Ⅴ类水质。

(2) 对特征污染因子的跟踪监测

锁定特征因子后，7 月 9 日至 11 日，监测人员对雷锋河谢家湾、肖河枫林路、龙王港梅溪湖、龙王港滨湖路 4 个点位进行连续跟踪监测，分别测定化学需氧量、氨氮、总磷，观察特征污染因子的浓度变化情况，详见表 3.16。

表 3.16　特征污染因子的跟踪监测

监测日期	点位	监测因子			水质类别	备注
		化学需氧量 (mg/L)	氨氮 (mg/L)	总磷 (mg/L)		
7 月 9 日	雷锋河谢家湾	43.2	3.33	0.190	劣Ⅴ类	实验室分析
	肖河枫林路	36.0	0.74	0.095	Ⅴ类	实验室分析
	龙王港梅溪湖	61.2	7.78	0.238	劣Ⅴ类	实验室分析
	龙王港滨湖路	48.9	11.96	0.423	劣Ⅴ类	实验室分析
7 月 10 日	雷锋河谢家湾	49.7	3.87	0.241	劣Ⅴ类	实验室分析
	肖河枫林路	36.4	2.11	0.099	劣Ⅴ类	实验室分析
	龙王港梅溪湖	71.6	12.43	0.705	劣Ⅴ类	实验室分析
	龙王港滨湖路	47.6	11.49	0.423	劣Ⅴ类	实验室分析
7 月 11 日	雷锋河谢家湾	39.8	3.43	0.190	劣Ⅴ类	实验室分析
	肖河枫林路	28.6	2.12	0.093	劣Ⅴ类	实验室分析
	龙王港梅溪湖	61	8.74	0.486	劣Ⅴ类	实验室分析
	龙王港滨湖路	47.8	12.88	0.496	劣Ⅴ类	实验室分析
标准限值		≤20	≤1.0	≤0.2	Ⅲ类	GB 3838—2002《地表水环境质量标准》
		≤30	≤1.5	≤0.3	Ⅳ类	
		≤40	≤2.0	≤0.4	Ⅴ类	

表 3.16 中数据表明，7 月 9 日至 7 月 11 日，测点水质中化学需氧量、氨氮、总磷的浓度无显著改善，除 7 月 9 日肖河枫林路点位水质达到Ⅴ类，其余时间各个点位的水质均为劣Ⅴ类。

3.4.1.5　结论

龙王港入湘江口黑臭水体排放突发环境事件发生后，应急监测期间的数据结果表明：

（1）雷锋河谢家湾、肖河枫林路、龙王港梅溪湖、龙王港滨湖路、龙王港入湘江河口 5 个点位检测出化学需氧量、氨氮、总磷浓度均超过Ⅴ类水标准，水质均为劣Ⅴ类。

（2）对雷锋河谢家湾、肖河枫林路、龙王港梅溪湖、龙王港滨湖路 4 个点位进行化学需氧量、氨氮、总磷浓度跟踪检测，除 7 月 9 日肖河枫林路水质达到Ⅴ类外，其余水质均为劣Ⅴ类。三项指标中总氮超Ⅴ类标准限值最多，超标倍数达到 5.44。

（3）从跟踪检测结果来看，事故地段水质未见明显改善。

3.4.2　中航火灾次生突发环境事件

3.4.2.1　事件基本情况

12 月 17 日 16 时 15 分，中航飞机起落架责任有限公司表面处理厂房 1＃电镀生产线 2-15＃槽体起火。事故发生后，长沙消防第一时间调集 9 个中队 31 台消防车赶赴现场扑救。12 月 17 日 19 时 40 分，明火基本扑灭。据消防部门通报，过火面积约 900 平方米，事故未造成人员伤亡。

着火车间内槽体主要材料为 PVC 材料，槽内主要有 NaOH 溶液、盐酸溶液约 0.5 吨、氰化物溶液约 1.2 吨。灭火过程中，虽经车间拦截、雨水井封堵，仍有约 600 立方米含槽液消防水外溢至马桥河（专家预估），主要超标因子为六价铬、镉。望城区组织人员在马桥河雨水排入口上游构筑拦水坝，并关闭马桥河入湘江口的闸门，形成了一段长约 4.4 公里的封闭河段。经水务部门计算，最终认定需要处理的水体总量为 19 万立方米。

12 月 19 日后，生态环境部应急中心、省生态环境厅应急中心进驻望城，实地指导应急处置工作。12 月 20 日，邀请清华大学苏州环境研究院水污染治理技术负责人林朋飞博士作为技术专家，进一步指导完善处置工作方案。经过科学有效的处置，12 月 26 日凌晨 6 时，监测数据表明，封闭水体及其下游整个河段达到《地表水环境质量标准》（GB 3838—2002）Ⅲ类标准，12 月 26 日 16 时，开始控制流量排水入湘江，湘江及马桥河水质均达标，无异常。

3.4.2.2　事件应对情况

事故发生后，中航飞机起落架有限责任公司立即启动应急预案，向望城区政府部门报告情况。区委、区政府和望城经开区党工委、管委会立即报告长沙市应急办，并成立应急指挥部，启动应急预案，采取应急措施。主要领导第一时间赶赴现场，在全力配合消防部门救火抢险的同时，现场紧急召开次生突发环境事件应急处置会商会议，成立中航起落架“12·17”火灾事故后续处置工作领导小组，下设环境监测治理组、事故调查组、防疫控制组、现场工作组、群众工作组、舆情控制组，24小时值班值守，开展应急处置工作。12月17日19时，市环保局邓民生副局长组织环境监测、环境应急等部门和应急专家赶赴现场指导处置。省生态环境厅于12月18日下午派工作组赴现场指导处置。12月19日凌晨1时，生态环境部工作组到达现场指导。12月20日22时，清华大学环境应急专家林朋飞博士到达现场进行技术把关，科学指导。12月28日13时，望城区委副书记、望城经开区党工委书记张毅组织召开事件后续处置调度会，湘江及马桥河水质监测结果均达标，根据望城区环保局、望城经开区产业局及环境应急专家林朋飞博士意见，望城区政府决定解除应急状态，终止应急响应。

厂内处置：为减少次生环境灾害，中航飞机起落架责任有限公司在火灾后迅速组织人员使用沙袋及塑料布封堵了负一楼安全门防止污水外溢，并封堵了雨水井。在消防废水外溢之后，新砌应急雨水截水沟进行雨水分流，防止雨水进入被污染雨水井，避免污染水量增加。调运硫酸亚铁、次氯酸钠、石灰等药品并进行紧急投放。腾出原景观鱼塘约5 000立方米作为应急容积，加快厂区水污染物处置。经统计，厂内累计废水1 796立方米，截至12月27日22时，移交第三方处理公司湖南瀚洋373.48立方米，其中槽车208.28立方米、吨桶165.2立方米；厂内污水处理系统和应急处理设备恢复并使用，共计达标排放70立方米；厂内存1 352.47立方米，其中污水池1 106.97立方米、雨水井105立方米、油罐70立方米、吨桶71桶。厂区内所有污水均已切断直接外排途径，按照专家论证后的处置方案进行处理，检测达标后排入城市管网。

厂外处置：发现有污水外泄后，立即对马桥河下游小河湖坝闸门进行关闭，18日凌晨6时在马桥河上游完成筑坝，分流拦截上游来水，将外溢马桥河的污染物控制在小河湖坝闸门至其上游新筑拦河坝约4.4公里的封闭河段内。18日凌晨2时，根据专家指导意见，在马桥河封闭河段内投加硫酸亚铁、石灰和PAM絮凝剂。18日下午，开始委托第三方公司对该水域进行处置，药剂投加种类、方式及频次进一步优化。21日，林朋飞博士到场后，在其指导下，增投了药剂硫化钠、片碱，改PAM为PAC，并对投加点位、投加方式、投加频次进行了再优化。26日12时投药停止。最终投药用量总计：亚铁24.6吨，石灰96吨，硫化钠2吨，片碱1.3吨，PAC 3.3吨。PAM絮凝剂500公斤，3‰的浓度，共计36水车，合计360吨。投入人员设备总计：277人24小时分班作业；2台应急车辆出动80次；移动检测车辆24小时作业，检测工作10天；拖拉机2台工作10天；冲锋舟3台工作6天。监测数据表明：截至26日凌晨6时，小湖河坝内、小河湖坝下游整个河段监测特征污染物均达到《地表水环境质量标准》（GB 3838—2002）Ⅲ类标准。26日16

时，开始控制流量排水入湘江。马桥河、湘江水质保持稳定，无异常。12 月 28 日林朋飞博士提出书面意见，在望城区委副书记、望城经开区党工委书记张毅组织召开的事件后续处置调度会上，决定暂不开展小湖河闸前湖泊底泥清淤，在后续的马桥河流域综合整治中一并推进；恢复封闭河段正常通水。

3.4.2.3 应急监测方案

（1）监测项目

环境空气：氰化氢、一氧化碳、甲醛、磷化氢、硫化氢、一氧化氮、二氧化氮、氯气、氨、甲烷、氯化氢、氟化氢、二氧化氯。

水质：pH、镉、六价铬、铅、锌、铜、氰化物、镍。

（2）监测频次

环境空气：实时监测。

水质：每 2 小时监测一次。

监测结果连续 3 次达标的情况下酌情调整监测项目。

（3）监测点位

环境空气：航空路，厂区下风向共 2 个点位（气候条件：东南风，1.0 m/s）。

水质监测断面（共 7 个）：①航天路雨水口；②仁和社区马桥河断面；③仁和社区马桥河断面下游约 2 公里处；④小湖河坝；⑤小湖河坝下游；⑥马桥河入湘江口；⑦铜官水厂取水口（左、中）。

（4）分析方法

环境空气：TY2000-B 型便携式有毒有害气体分析仪，现场报送。

水质检测项目和检测方法如表 3.17 所示。

表 3.17 水质检测项目和检测方法

检测项目	检测方法
pH	水质 pH 值的测定 玻璃电极法（GB/T 6920—1986）
镉	水质 铜、锌、铅、镉的测定 原子吸收分光光度法（GB/T 7475—1987）
	水质 石墨炉原子吸收法测定镉、铜和铅 《水和废水监测分析方法》3.4.7.4（第四版国家环保总局 2002 年）
六价铬	水质 六价铬的测定 二苯碳酰二肼分光光度法（GB/T 7467—1987）
铅	水质 铜、锌、铅、镉的测定 原子吸收分光光度法（GB/T 7475—1987）
	水质 石墨炉原子吸收法测定镉、铜和铅 《水和废水监测分析方法》3.4.7.4（第四版国家环保总局 2002 年）

续表

检测项目	检测方法
锌	水质 铜、锌、铅、镉的测定 原子吸收分光光度法（GB/T 7475—1987）
铜	水质 铜、锌、铅、镉的测定 原子吸收分光光度法（GB/T 7475—1987）
氰化物	水质 氰化物的测定 容量法和分光光度法（HJ 484—2009）
镍	水质 镍的测定 火焰原子吸收分光光度法（GB/T 11912—1989）

（5）质量保证措施

水样采集和实验室分析时的平行样均不少于 10%，分析时进行不少于 10%的质控样分析。样品的采集、运输、实验室分析和数据处理均按照国家有关监测技术规范进行。

3.4.2.4　监测数据分析

火灾发生后，市、区两级环保部门和专家对现场及周边空气质量进行监测监控。监测部门在航空路（厂区下风向）设置 2 个点位，对事故现场周边环境空气使用便携式有毒有害气体分析仪进行快速检测。检测结果显示：氰化氢、一氧化碳、磷化氢、硫化氢、一氧化氮、二氧化氮、氯气、氨、甲烷、氯化氢、氟化氢、二氧化氯等均未检出，甲醛浓度为 0.03 mg/m^3。数据表明：事发当晚空气质量未受到明显影响。

12 月 17 日晚 23 时，应急监测启动，对航空路雨水井及马桥河河水共 2 个点位水质进行监测。监测项目为：铅、镉、锌、铜、氰化物、总铬 6 项指标，监测频次为每 2 小时一次。后在生态环境部领导及专家指导下，根据水质检测的结果，逐步调整监测方案，优化监测效果。截至 28 日，跟踪监测仍在继续。监测期间共布设监测点位 23 个，出动监测人员 660 人次，采样船只 50 只次，应急监测车 20 台（次），采样车辆 110 台次，采集样品 1 000多个，上报监测数据 3 000 余个，完成监测报告 114 期，快速监测结果 160 余次。监测工作为污染水体的应急处置、科学决策提供了数据支撑。监测数据表明，事发以来，马桥河入湘江口、湘江干流铜官取水口稳定达到《地表水环境质量标准》（GB 3838—2002）Ⅲ类水质标准，污染物控制措施有效，事件未对马桥河下游湘江以及饮用水源地水质构成影响。

3.4.2.5　结论与启示

此次事件属于典型的生产安全事故次生的突发性环境事件，暴露的问题主要有：应急预案评估形同虚设；应急监测方面，组织多家第三方检测公司开展监测，但没有对监测数据采取质控措施。

事件的妥善成功处置给我们提供了一些有益的经验与启示。应急处置后续工作至少应包括：

（1）开展隐患排查专项整治行动。要针对此类事件暴露出来的问题，举一反三，全面开展涉重、涉危、涉化等企业隐患排查专项整治行动，督促各类企业进一步加强环境安全风险防控，督促企业落实主体责任。要逐一重点排查，督促企业严格落实主体责任，切实做好环境风险评估、隐患排查治理、应急预案编制备案、应急培训和演练等工作。对于排查出的问题要挂单挂账，逐一整改落实。

（2）推动企业切实落实环境安全主体责任。充分运用市场机制，建立完善生产经营单位强制保险和“黑名单”制度，将企业的违法违规信息与项目核准、用地审批、银行贷款挂钩，促进企业提高环境安全的自觉性，建立“安全自查、隐患自除、责任自负”的企业自我管理机制，并通过调整税收、信用等级等措施，引导经营单位自觉加大环境安全投入，加强安全措施，淘汰落后的生产工艺、设备。严格落实属地政府和行业主管部门的环境安全监管责任，推动企业建立完善风险管控、隐患排查机制。

（3）进一步提升环境风险防范和应急处置能力。严把环境影响评价审批关，科学评估并从严控制涉危、涉重企业与人口密集区、饮用水源地等环境敏感点的距离，从源头上减少风险源。严格落实部门联动机制，建立完善安监、生态环境、消防等部门联动机制，强化信息共享、联合执法、联合演练等部门间的联动配合，形成监管合力，联合探索科学应急处置措施，全面提升日常监管水平及事故应对能力。

3.4.3 湖南冷水江“1·9”恒兴化工助剂有限公司火灾事件

3.4.3.1 事件基本情况

2016年1月9日20时30分左右，位于湖南省冷水江市布溪街道办事处郭家桥居委会境内的恒兴化工助剂有限公司发生火灾。该企业已于2015年5月停产，主要生产聚氯乙烯助剂，主要原料为氯甲酸异辛酯。9日22时30分左右，火势被扑灭，事故未引发爆炸，未造成人员伤亡。据调查，事故原因是车间线路短路起火，引起原料仓库起火。仓库内堆存原料约3吨，另有部分包装用的空塑料桶。

3.4.3.2 事件应对情况

事故发生后，省领导高度重视，对事故的处置作出了重要指示，省安监局连夜调度了救援处置情况，并立即派危化处负责同志赶赴现场，了解、指导、督办后续工作。娄底市和冷水江市两级政府立即成立了综合协调、专家指导、隐患消除、环境监测、维稳保障、舆情引导和事故调查等工作组，当地环境保护部门负责开展环境应急监测等工作。一是安排精干力量，指导周边2户居民紧急疏散到安全地带。加强对周边区域进行巡查、管控警戒，严禁无关人员进入警戒区域，并安排专人24小时盯守。二是对消防水及厂区雨水修筑四道围堰，用活性炭吸附过滤后再排入资江。三是对资江干流满竹码头上游断面（离消防下水排口下游1.5公里处）进行加密监测。从连续监测的8次结果看，资江水质稳定且均达标。四是开展事故区域环境空气质量监测，起火原料氯甲酸异辛酯遇水遇热分解，生成氯化氢。由于事发时当地一直在下雨，无法开展空气质量监测。明火扑灭时，厂区周边已无明显刺激性气味。10 日 1 时 50 分，雨停具备监测条件后，冷水江市环境保护部门开展监测，未检出氯化氢，臭气浓度无异常，经采样分析，事故地空气中二氧化硫小时平均值（上风向和下风向两个点），2 个点位二氧化硫小时平均值达标。五是采取果断措施，对沿河所有涉化工废水排放的企业实行强制管控。六是加强沟通衔接，迅速与资江下游新化县有关方面取得联系，及时通报相关情况，切实采取防范应对措施。七是主动公开信息，引导舆情，由娄底、冷水江两级宣传部门负责在 9 日晚 11 时 30 分通过自媒体和冷水江新闻网、娄底新闻网等新闻渠道发布了新闻通稿，实事求是地公开了相关信息，并及时向上级相关部门报送相关动态信息。央视《朝闻天下》新闻及时准确对事件进行了权威报道。同时，严密监控、及时掌握媒体动态。

3.4.3.3　应急监测方案

（1）点位布设

水：①恒兴化工厂入资江排污口（控制断面）；②资江满竹码头断面（削减断面）。

空气：①事故区上风向潘太华家前；②事故区下风向污水厂提升泵站。

（2）监测项目

水质：pH 值、化学需氧量、氨氮。

环境空气：二氧化硫、PM10、氯化氢。

（3）监测时间、频次

2016 年 1 月 9 日 22 时起，入资江排污口、资江满竹码头断面加密监测，每小时一次；2016 年 1 月 10 日 1 时起，入资江排污口每 2 小时一次；2016 年 1 月 10 日 18 时起，资江满竹码头断面每 4 小时一次。上风向潘太华家前和下风向污水厂提升泵站每小时一次。

（4）监测分析方法、监测仪器

pH 值：玻璃电极法 GB/T 6920—86，pH 计。

CODcr：重铬酸盐法 GB/T 11914—89，CODcr 测定仪。

NH3-N：纳氏试剂比色法 HJ 535—2009，可见分光光度计。

二氧化硫：甲醛吸收-副玫瑰苯胺分光光度法 HJ 482—2009，可见分光光度计。

PM10：重量法 HJ 618—2011，空气智能 TSP 综采样器/万分之一天平。

氯化氢：硫氰酸汞分光光度法 HJ/T 27—1999，可见分光光度计。

（5）质量保证措施

样品采集：每个项目需同时采集现场空白样，并和样品采取同样的保存和运输措施。

实验室分析：每批样品要求做 100%平行样，每批做 2 个以上实验室空白。实验室分析必须有标准样品保证值分析、平行样相对标准偏差分析等质控措施。

(6) 评价标准及方法

废水执行《污水综合排放标准》(GB 8978—1996) 表 4 中一级标准。

地表水执行《地表水环境质量标准》(GB 3838—2002) 表 1 中Ⅲ类标准。

氯化氢执行《工业企业设计卫生标准》(TJ 36—79)。

二氧化硫、PM10 执行《环境空气质量标准》(GB 3095—2012) 表 1 一级浓度限值。

(7) 结果报送

监测数据出来后立即以短信、邮件、传真等方式同时上报应急监测指挥部。

3.4.3.4 监测数据分析

1 月 9 日 21 时起，入资江排污口监测点位化学需氧量首次出现超标，浓度值为 6 547 mg/L,超标倍数为 64.47，其中最大浓度值出现在 9 日 22 时 30 分，浓度值为 9 715 mg/L,超标倍数为 96.15。10 日 0 时 50 分，入资江排污口监测点位化学需氧量浓度呈下降趋势，10 日 10 时 30 分已达标；氨氮浓度在 1.06～1.27 mg/L 之间，达到《污水综合排放标准》(GB 8978—1996) 表 4 中一级标准；pH 值在 3.32～12.65 之间，出现不同程度超标，初步判断有消防污水及雨水排入。满竹码头监测点位连续监测结果表明，CODcr、氨氮、pH 值均分别稳定在 7.65～16.20 mg/L、0.35～0.46 mg/L、7.07～8.59 之间，资江水质稳定达标。事故区上风向潘太华家前和事故区下风向污水厂提升泵站 2 个环境空气监测点位，二氧化硫小时平均值 0.012～0.027 mg/m^3、PM10 0.052～0.087 mg/m^3、氯化氢未检出，远低于标准浓度限值。

3.4.3.5 结论与启示

该事故发生后，事发地周边水、气环境质量没有出现异常，未引起次生环境污染事件。尽管没有造成人员伤亡，但社会关注度高。事件的妥善成功处置给我们提供了一些有益的经验与启示。

(1) 信息公开、正确引导是事件处置的有效手段。事件处置过程中加强舆情引导和管控工作，及时向社会公布事件处置开展和后续进展情况及有关信息，并做好与相关新闻媒体的衔接工作，正面引导，对造谣生事的行为依法依规严肃查处。

(2) 吸取教训，举一反三，深入开展危化行业和其他领域安全生产大检查“回头看”，全面排查安全隐患，确保安全生产。后期采取有效措施对收集的消防废水妥善处置，确保达标排放，降低水环境风险。

(3) 暴露出来的问题：一是应急监测仪器紧缺，缺乏便携式气体类、水质类现场快速检测仪器设备，对污染物的判定效率低，不能满足事故现场决策者的需求。二是个人防护设备缺少，应付有毒气体污染事故，全身防护服在应急监测中是十分必要的。

3.4.4 湘江干流大面积死鱼应急案例

3.4.4.1 事件基本情况

湘江是湖南境内最大的河流，为长江主要支流之一。早在 1983 年就有报道，在湘江的株洲段连续两次发生大量死鱼事件。近几年，湘江流域也不断地出现过死鱼现象。2013 年 8 月 19 日，湘江衡阳段江面出现鱼浮头和死亡现象，经媒体报道后，引发群众疑虑和恐慌。

3.4.4.2 事件应对情况

大面积死鱼事件发生后，当地生态环境局立即按程序上报。考虑到湘江河水的流动性强，死鱼现象可能很快蔓延到下游城市，原湖南省环保厅接到报告后，第一时间启动应急响应，有序开展污染源排查、水质应急监测和信息发布等工作。原湖南省环境监测中心站接到开展应急监测的指令后，立即与当地环保部门取得联系，初步了解事件基本情况，同时安排专人调取事发地的水系图和交通图。多方协商后，向衡阳、株洲、湘潭三市原环境监测站下达了开展应急监测第一期方案。

3.4.4.3 应急监测方案

有关人员赶到最先报告死鱼的现场后，立即采集水样，并利用快速监测仪器对溶解氧及重金属进行测定。与此同时，将水样送往实验室开展 pH，溶解氧，高锰酸盐指数，氨氮，铜、铅、镉、砷、铬、汞等重金属元素，有机物等的定量或定性分析。现场和实验室分析结果都表明，除溶解氧值偏低外，其余各项指标均达到地表水Ⅲ类水质标准。据此，初步认定低溶解氧是导致湘江流域大面积死鱼的主要原因。

在第一次监测过程中发现，湘江衡阳、株洲、湘潭段水体中的溶解氧已偏低。由此判断，低溶解氧水团已扩散，应该立即调整应急监测方案。随即指挥部要求衡阳、株洲、湘潭对出入境断面及敏感断面按 2 小时 1 次的频次加密监测，下游的长沙、岳阳做好应急监测准备，在发现低溶解氧水团抵达本市入境断面后，立即启动加密监测。

本次应急监测在 340 km 长的河段上共布设断面 25 个，详见图 3.21。采用滚动启动应急监测方式，共获得有效应急监测数据 642 个。确定导致河鱼大面积死亡的原因是社会各方面都关注的。生态环境部门立即对事发地周边的企业进行排查，但因为附近企业不多，而且未发现偷排现象，因此，初步排除了工业污染来源。

鉴于湖南是有色金属之乡，镉、砷等重金属污染时有发生，生态环境监测机构首先采用 ICP-MS 对水样主要重金属元素进行分析。结果表明：所有分析的重金属元素的含量都低于《地表水环境质量标准》（GB 3838—2002）Ⅲ类标准限值，确证了无涉重金属企业偷排的现场排查结果。此外，从理论上分析，重金属污染也不会导致水体溶解氧降低，且绝大多数重金属的急性毒性很低。基本确定本次湘江大面积死鱼与重金属污染无关。

湖南工业企业以涉重金属为主，报备的有机物种类不多。有机物分析能力较强的湘潭市站，取水样用GC-MS进行全扫描和选择离子监测（SIM），疑似丙酮肟有检出，立即送样到原湖南省环境监测中心站和原长沙市环境监测中心站进行实验室比对分析，但结果未重现。此外，长沙市环境监测中心站在污染水团主体区域多次采样分析有机物，均未发现特征峰。由此判断，水体溶解氧下降不是有机物污染导致的。在没有发现特异性的重金属或有机污染物的情况下，为合理配置监测资源，后续应急监测只现场分析溶解氧含量。

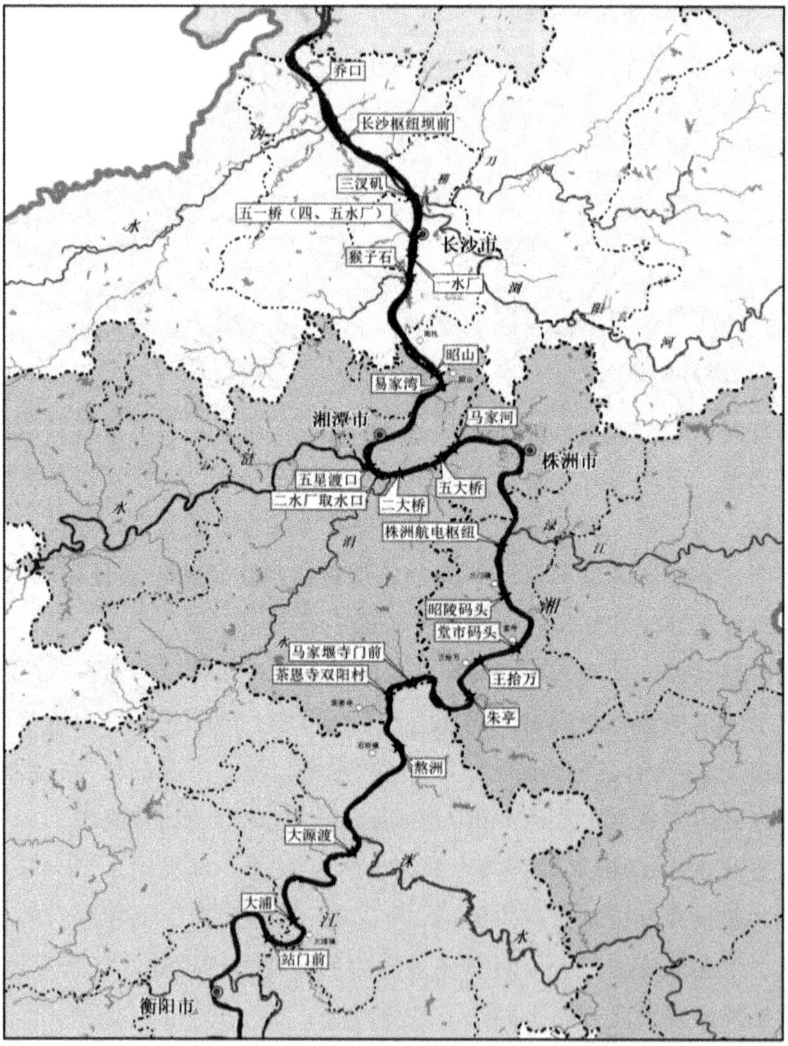

图 3.21　应急监测断面布设图

3.4.4.4　监测数据分析

本次应急监测平均每15 km左右就布设一个监测点位，主要依据流域开发特征、自然水利条件、是否存在敏感保护水体等因素确定。2013 年 8 月 19 日，启动应急监测后，事发地上下游衡阳市和株洲市重要监控断面的溶解氧含量情况详见表 3.18。

表 3.18　启动应急监测后重要监控断面的溶解氧含量

地区名称	断面名称	监测时间		溶解氧含量/(mg/L)
衡阳市	大浦	8 月 19 日	14:00	3.9
	大源渡坝上左		15:30	3.8
	熬州左		17:00	3.8
株洲市	王拾万老街		14:40	2.3
	堂市码头		15:10	0.8
	昭陵码头		15:50	0.6
	马家河上游		14:40	2.3

从表 3.18 可以看出，应急监测启动后，低溶解氧污染团主体已离开衡阳市境，主要集中在株洲境内的王拾万老街断面至马家河上游断面，长约 50 km。

低溶解氧污染团推进速度很快，20 日 20 时 40 分左右，抵达长沙市重要的饮用水水源地控制断面猴子石断面，该断面溶解氧在经历 2 mg/L 左右的极低值后逐步上升，到 21 日 13 时前后，水中溶解氧恢复到正常水平。猴子石断面的溶解氧含量变化情况详见图 3.22。

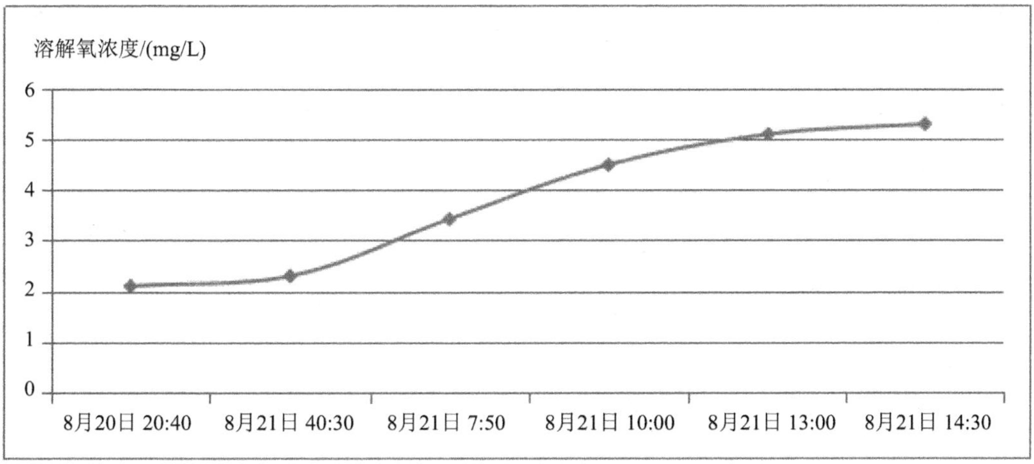

图 3.22　长沙市猴子石断面溶解氧的变化趋势图

在长沙市三汊矶断面进行的监测比较完整，基本上记录了低溶解氧污染团通过该断面的全过程，详见图 3.23。

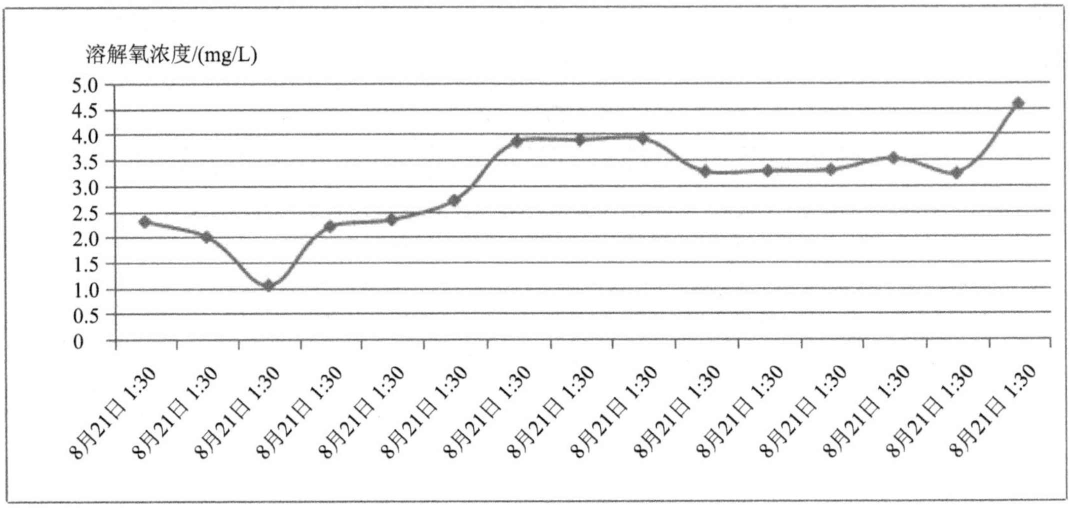

图 3.23　长沙市三汊矶断面溶解氧的变化趋势图

本次低溶解氧污染团的影响范围广，以长沙市为例，8 月 21 日，开展 34 次同步监测，结果详见图 3.24。从图中可以看出，5 点开展同步监测时，从猴子石断面到长沙枢纽坝前断面，水中的溶解氧水平都低于 3 mg/L，受影响河段长达 30 km。其时，低溶解氧污染团主体正位于五一桥断面处。8 时、11 时和 13 时的监测数据表明，从上游的猴子石断面到下游的长沙枢纽坝前，溶解氧含量沿程降低，三个时刻的监测数据的规律非常吻合，即污染团流过后，溶解氧开始恢复，含量越来越高。到了 13 时，猴子石断面的溶解氧含量恢复到 5 mg/L 以上，达到《地表水环境质量标准》（GB 3838—2002）Ⅲ类标准限值以上，基本上不会发生死鱼现象了。

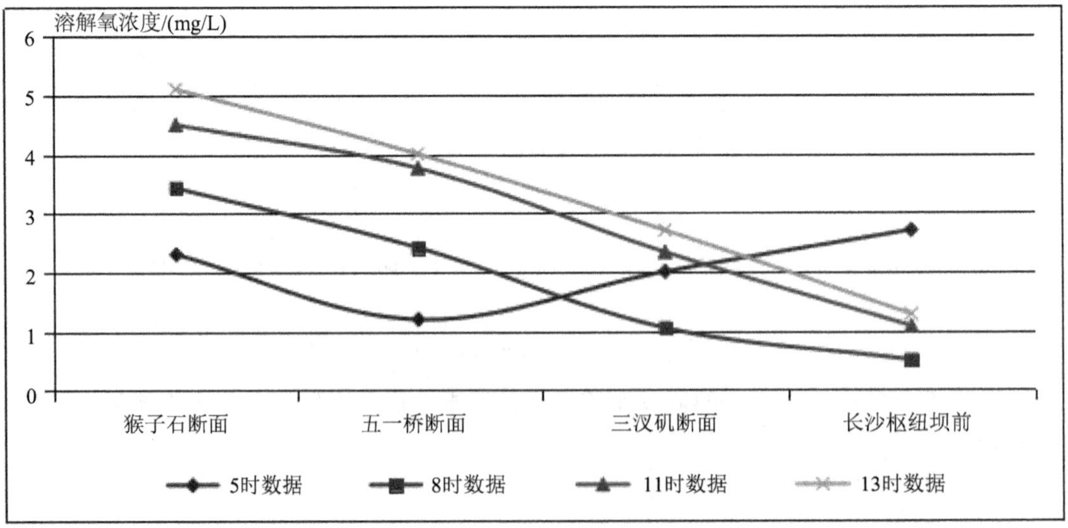

图 3.24　8 月 21 日长沙市各断面同步监测溶解氧结果

长沙航电综合枢纽部分蓄水，其坝前水质对水质污染事件的影响方式引人关注，其溶解氧浓度变化情况详见图 3.25。

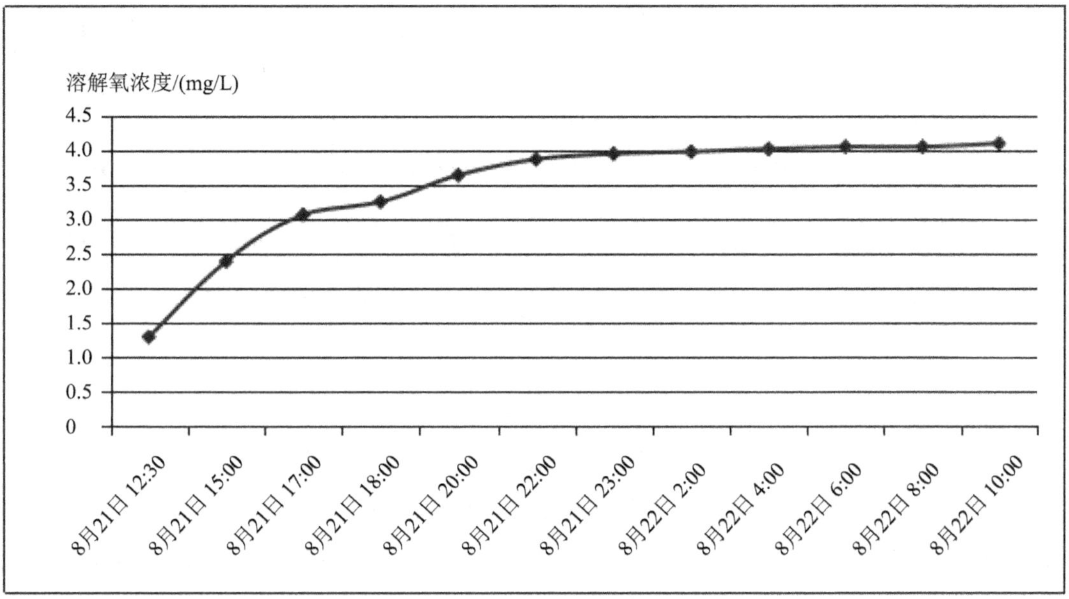

图 3.25　长沙枢纽坝前断面水中溶解氧的变化趋势图

从图中可以看出，8 月 21 日 12 时 30 分，低溶解氧污染团抵达坝前，含量不及 1.5 mg/L，但因为大坝未截流，污染团很快就流走了，未发生长时间水力停留情况，但溶解氧含量恢复速度很慢。由此可见，对水库型河流，当污染发生时，开闸泄水至关重要，以免污染团阻滞、混合，导致坝前水质大面积恶化。

低溶解氧污染团抵达岳阳市樟树港断面后，因为水面开阔，且有洞庭湖水的顶托作用和稀释作用，水体溶解氧含量虽下降，但未出现低于 3 mg/L 的极端低值，因而未出现上游那种大面积死鱼现象。该断面溶解氧的含量变化情况详见图 3.26。

在应急监测启动之初，一度怀疑存在人工投药毒鱼或企业偷排等违法行为，但随着监测进展，无重金属和有毒有机物检出，并且从理论上分析，中毒死鱼一般只发生在小段区域，没有哪种重金属或有机物有如此强大的耗氧能力，少量投加后导致这么长距离河段整体缺氧。经会商，一致认为缺氧是死鱼的主要原因，但缺氧不是化学污染导致的，要从气候、水体特征等方面进行分析。

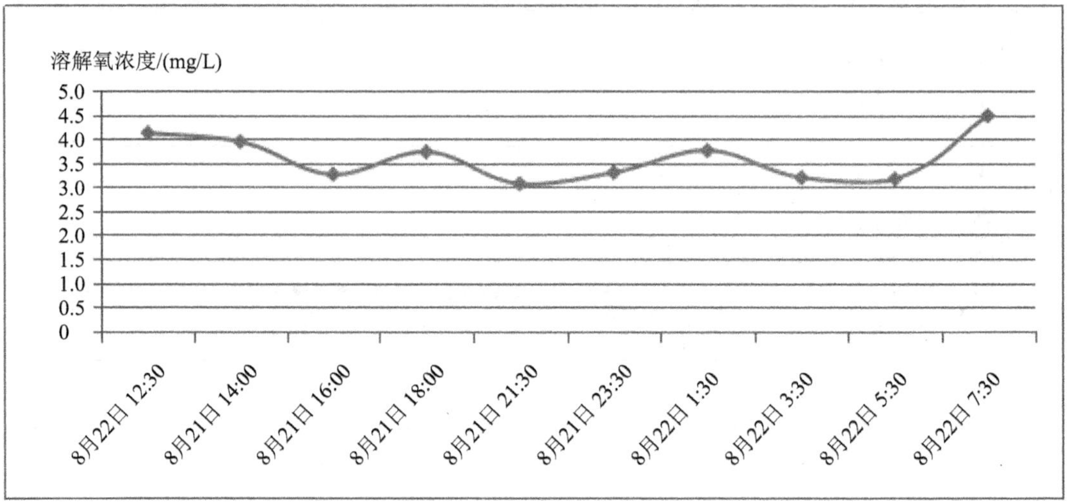

图 3.26　岳阳市樟树港断面溶解氧的变化趋势图

死鱼事件发生之前，湘江流域已持续高温干旱，特别是衡阳市，抗旱任务极为艰巨，大面积水稻绝收。因为沿程缺水，河床裸露面积大，流水也浅，导致有机质腐烂快，河床内蕴藏着大量耗氧性物质。而事发地衡阳大源渡水电站，持续高温干旱时下泄生态流量，但无来水补充，水位下降，库区内水体的理化、生物生态等均相应发生改变。8 月 16 日受台风“尤特”影响，上游地区大量降雨，洪水进入库区后，水电站立即开闸放水，底层在高温下形成的强还原性水体冲入河床，并激起积累在河床上的耗氧性有机腐殖质，两者混合的结果，形成较长的缺氧带，在溶解氧低于 3 mg/L 的情况下，发生死鱼现象。从气象条件分析，事件发生时天气闷热，气压低，大气边界层高度低，不利于空气与水体及时交换氧气。此种天气条件易造成水中溶解氧偏低。

经历持续高温干旱后，湘江河水较浅，缺氧水团以整体推进式向前流动，推进过程中下游的稀释作用不是很强，这也是低于 3 mg/L 溶解氧的水团主体能一直从衡阳流至长沙而不散的主要原因。低溶解氧污染团流过处，因为体量大，鱼冲不出去，无可幸免地发生死亡。因此，从衡阳到长沙，沿程都可观察到死鱼现象。

3.4.4.5　结论与启示

湘江流域发生的死鱼事件应急监测，理顺了突发性死鱼事件应急监测思路，为日后的死鱼事件应急监测工作提供了借鉴和参考。

（1）提前做好应急准备。死鱼事件应急监测，由于缺乏相应的监测调查方法，加之报案不及时，使事故的处理难以令人满意。针对死鱼事故具有突发性的特点，环境监测部门必须做好一切准备工作，以保证随时可赴现场监测调查，取样分析。本次应急监测，省、市两级环境监测机构第一时间赶赴现场，上下游协同开展应急监测。

（2）应急监测的核心是锁定污染团首层，并且准确分析污染物成分。湘江流域大面积死鱼事件中，发现溶解氧低是主要原因。在低溶解氧污染团中，未检出导致溶解氧下降的重金属或有机污染物。持续高温干旱天气，以及特殊的开闸放水方式，是形成大体量低溶解氧污染团的最大诱因。缺氧鱼不能冲破低溶解氧污染团，因而污染团流过处，发生死鱼现象。

第 4 章　便携式监测仪器在应急监测中的应用

4.1　重金属测定仪器（阳极溶出伏安法）

4.1.1　概述

20 世纪 20 年代，捷克斯洛伐克人 Jaroslav Heyrovsky，以滴汞电极做工作电极首先发现极谱现象，发明了重金属离子的电化学分析方法——阳极溶出伏安法（Anodic Stripping Voltammetry，ASV），并于 1959 年获得了诺贝尔化学奖。

阳极溶出伏安法是进行水中重金属测定的重要方法。1996 年，美国国家环境保护局（US EPA）分别确定了液体样品及提取物中砷（7063）和汞（7472）的阳极溶出标准分析方法；美国标准方法委员会推荐的 3130 方法也介绍了 Zn、Cd、Pb 的阳极溶出分析方法。我国《水和废水监测分析方法（第 4 版）》中收录了“阳极溶出伏安法测定 Cd，Cu，Pb，Zn”的方法，但是还没有成为国家或者行业标准分析方法。

目前，ASV 法可测定 40 种以上的元素，能够快速检测样品中浓度很低（10^{-6} mol/L）的金属离子，检测灵敏度高，能满足饮用水水质卫生规范和地表水环境质量标准的检出限要求。由于 ASV 法所用仪器设备简单、操作方便，可以满足一般的在线及快速响应要求，在环境应急监测工作中得到了广泛的应用。但是 ASV 法因电极的制造成本和使用寿命问题，导致检测费用较高，在现场操作的规范性、电极稳定性、单点校准时沉积时间和分析范围上还存在一些问题。此外，传统溶出伏安法的工作电极采用液态汞电极、汞膜电极等，分析过程中会析出有毒物质汞，会对环境和分析人员造成危害，这是该技术的一大弊端。目前的研究多集中于无害、高效、廉价的工作电极材料及结构，如采用炭黑/石墨电极[22-23]、修饰或改性的炭糊石墨电极、金电极、铋电极、银电极以及廉价的 1，10-氮杂（OP）修饰的黏土层电极等。

4.1.2　原理及适用范围

阳极溶出伏安法的原理是：待测离子在恒电位及搅拌条件下富集于工作电极上，然后从相对负电位扫描到相对正电位，使富集在电极表面的物质发生氧化反应而重新溶出，并记录溶出过程的电流-电位曲线。其过程分两步，首先是将还原电势施加于工作电极，当电极电势超过析出电势，溶液中被分析的金属离子（M^{n+}）还原为金属镀于工作电极表面，如下所示：

$$M^{n+} + ne^- \rightarrow M$$

电势施加时间越长，还原出来镀于电极表面（被称为“沉积”或“积累”过程）的金属越多，此过程在电极表面聚集金属。在足够的金属镀于工作电极表面后，向工作电极以恒定速度增加电势，金属将在电极上溶出（氧化）。对于给定电解质溶液和电极，每种金属都有特定的发生氧化反应的电压：

$$M \rightarrow M^{n+} + ne^-$$

该过程释放出的电子形成电流。测量该电流，并将其对于应用电势作图，即为“伏安图”。氧化或溶出电势上的电流值被视为曲线峰值。在一定条件下，曲线的峰高与离子浓度呈线性关系，而且不同离子在一定的电解液中具有不同的峰电位。因此，峰电流和峰电位可作为定量和定性分析的基础。

阳极溶出伏安法（ASV）主要用于溶液中重金属离子的现场测定和实验室分析。在环境监测领域主要用于重金属的污染事故或突发事件的现场监测中，如尾矿塌坝、化工厂爆炸、电镀冶金厂废水违规排放等事故的应急监测，以判断水体中重金属的污染情况。

4.1.3　常见仪器

4.1.3.1　PDV6000 重金属测定仪

澳大利亚 MTI 公司的 PDV6000 重金属测定仪（图 4.1）通过了 US EPA 认证，可以测定包括水、工业废水、医药品、饮料、土壤及食物提取液等液态样品。检测过程只需要 20 s～5 min，检测范围 4 μg/L～300 mg/L。电极是该仪器最重要的部分，为了获得最佳检测结果，对某一类金属应该使用相应的工作电极和参比电极。PDV6000 可以用于实验室检测，也可以用于野外现场检测。在实验室一般与计算机连接使用，采用软件控制检测过程，检测精度更高。现场检测时，使用镍氢电池供电，但是检测数据只能显示在屏幕上而不能保存。

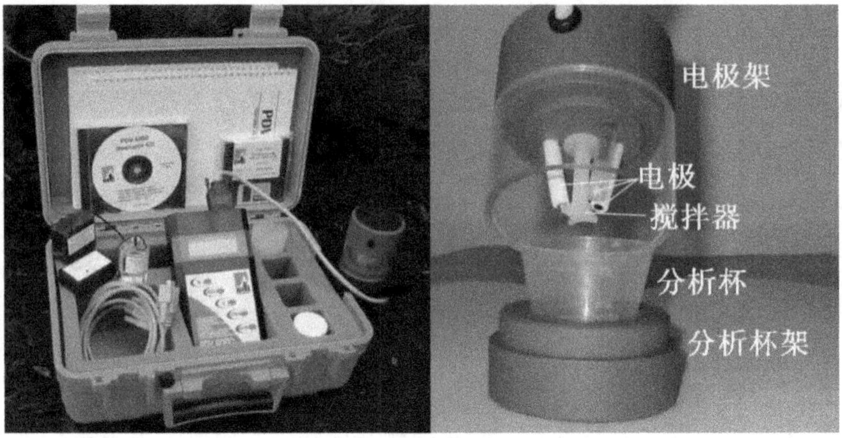

图 4.1　PDV6000 plus 携带箱、控制器、分析池组件及附件

4.1.3.2　AVVOR 8000 重金属测定仪

加拿大 AVVOR 公司的 AVVOR 8000 重金属测定仪（图 4.2）主要用于测定以水为主要成分的液体，操作过程方便。检测时间只需要几十秒，目前已广泛用于饮用水、饮用水水源、地表水、环境水体监测等。同时，该仪器还被广泛用于检测土壤、食品、固体废弃物等固态物质中的重金属含量。可以检测铬、镉、铜、砷、汞、铅、锌、锑、铁等多种金属离子的浓度。该仪器已通过美国 EPA 的验证，并在世界范围内得到了广泛的应用。AVVOR 8000 的特点：液态样品的检测只需要 20～300 s；检测灵敏、结果精确，检测范围 $0.001\times10^{-6}\sim32\times10^{-6}$；具有广泛的金属物质检测谱，能检测多达十几种重金属；携带方便，便于野外现场检测。

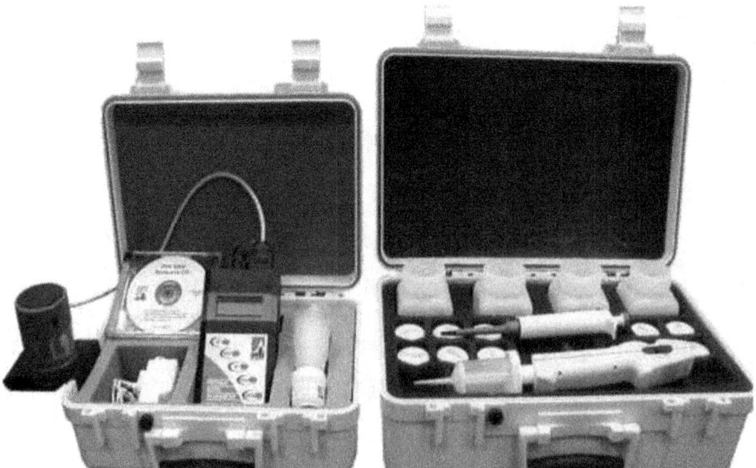

图 4.2　AVVOR 8000

4.1.3.3 NanoTek 2000 重金属测定仪

NanoTek 2000（图 4.3）由深圳市朗石科学仪器有限公司和南京大学、中国科学院联合研发，采用工作电极、参比电极和辅助电极三电极分析系统，最快检测时间 25 s；典型检测包括铜、锌、砷、汞、镉、铅等重金属离子，同时内置 20 多个可编程分析菜单，可根据用户需求自行开发多种重金属离子检测方法，检测范围 0.5 μg/L～60 mg/L。

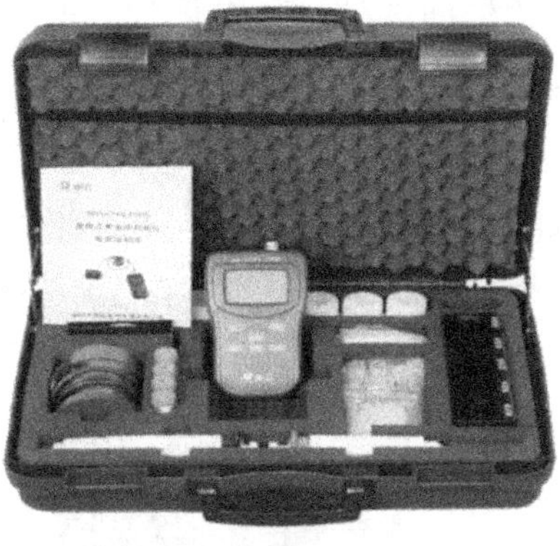

图 4.3 NanoTek 2000

4.1.3.4 Metalyser HM1000 重金属测定仪

英国 Wagtech Metalyser HM1000 型（图 4.4）、HM3000 型重金属测定仪能够测试砷、镉、铜、汞、铅、锌、铬、镍和铁等重金属元素，检出限可达 10^{-9} 级别，检测范围 0.01 μg/L～50 mg/L，可以应用于水污染事故应急监测。前处理操作简便，将分散电极整合在一个探头上，分析前后无须组装和拆装电极，可不配备工作站单机独立分析，测定样品时，不需要试剂，可直接将分析探头及取样杯插入水体中进行取样测量。

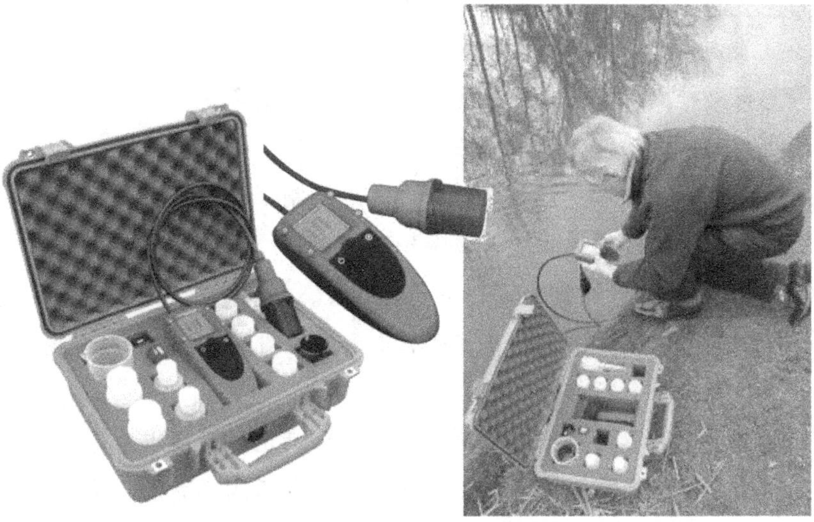

图 4.4 Metalyser HM1000

4.1.3.5 Nano-Band™ ExplorerⅡ重金属测定仪

美国 Trace Detect（微检）公司引入纳米技术（Nanotechnology）的先进理念研发的新型重金属分析仪 Nano-Band™ ExplorerⅡ（图 4.5），可用于水样中铅、铜、镉、锌、砷、汞元素的快速测定，灵敏度为全球最高，可达 10^{-12} 级。其优点是将工作电极、参比电极和辅助电极整合为一个方便维护的多合一电极，电极由 100 个 0.2 nm×6 nm 的纳米带电极组成，累积每块小电极产生的信号以放大信号。纳米带电极和 ASV 法结合，扣除背景电流，准确测量法拉第电流，有效地提高了信噪比，同时分析更稳定，进一步提高了仪器灵敏度。Cu、Zn、Cd 和 Pb 的检测下限为 100 ng/L，As 和 Hg 的检测下限为 1 μg/L。支持多种测量及技术：如阳极溶出伏安法、阴极溶出伏安法、循环伏安法、方波伏安法等。测试系统需主机配合控制软件一同使用，可存储 10^5 个测量数据。

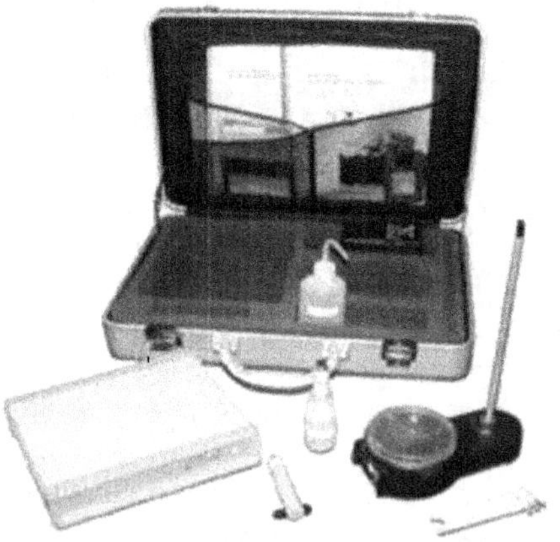

图 4.5 Nano-Band™ ExplorerⅡ

4.1.4 注意事项

（1）空白与标准样品以及分析样品的伏安曲线基本重合。

（2）单标测定时尽可能使标准溶液浓度与被分析样品浓度相近。

（3）尽可能采取标准添加法。如条件允许，可绘制标准曲线反查。

（4）开机前确保电极浸没在水中，以保护电极。

（5）避免液体进入电极/搅拌器座，不允许倒置、倾斜电极座。

（6）工作电极在分析前必须进行正确的打磨和清洁处理；镀膜分析电极与非镀膜裸电极尽量分类使用，避免对分析产生干扰。

（7）分析过程中要适时对校准点回测，回测结果满足分析要求，则之前的分析结果均可接受；若回测值超出分析控制要求，则需要对之前分析的样品进行重新测定。

4.1.5　方法应用

4.1.4.1　PDV6000 溶出伏安法快速测定水中镉

(1) 仪器与试剂

PDV6000 重金属快速分析仪（MTI），石墨炉原子吸收分光光度计（安捷伦），KQ2200 型超声波清洗器（昆山超声仪器有限公司），超纯水器（艾柯公司）。

所有分析与测试均采用三电极体系，工作电极为汞膜电极，辅助电极为 Pt 电极，参比电极为 Ag/AgCl (1 moL·L^{-1}KCl)。

硝酸为优级纯，实验用水为去离子水，支持电解液为 MTI 公司提供，除一次性容器外，所有器皿均用超声波清洗。

(2) 溶液配制

标准贮备溶液：移取 1 mL Cd 标样（编号：GBW（E）080119）到 500 mL 容量瓶中，用 1% HNO_3（体积比）稀释至刻度线，得到浓度为 0.200 mg/L 的 Cd 标准贮备溶液。

人工合成水样：移取 10 mL Cd 质控样（编号：201415）加入 250 mL 容量瓶，用 1% HNO_3 稀释至刻度线，得到浓度为 0.301 mg/L 的 Cd 质控水样。再依次移取 1.7 mL、2.5 mL、3.3 mL、5.0 mL、7.5 mL、10 mL 至 250 mL 容量瓶，将现场采集的湘江地表水（湘江猴子石大桥断面）稀释至刻度线，编号依次为：001＃、002＃、003＃、004＃、005＃、006＃。

(3) 操作流程

用打磨布将玻碳电极打磨至光滑，清洗后将电极放入电极架并与仪器连接，开启仪器，运行 VAS 软件，选择 Instrument 菜单下的 Condition Electrode 命令，在玻碳电极表面镀上一层均匀而极薄的汞膜。汞离子溶液为 MTI 公司配置的汞液，电镀时间为 3～4 min,将制备好的汞膜电极清洗备用。

调用 Instrument 菜单的 Initiate Run 命令，对样品进行测试。富集电位为－1 000 mV，富集时间 180 s，扫描速度 500 mV·s^{-1}。

调用 Analysis 菜单下的 Calculate Results 命令进行结果分析，选择峰电流或者峰面积作为响应信号。

(4) 标准曲线绘制

分别移取 0.125 mL、0.250 mL、0.500 mL、1.00 mL、2.00 mL、3.00 mL、4.00 mL 0.200 mg/L 的 Cd 标准贮备溶液至分析杯，依次加入 9.88 mL、9.75 mL、9.5 mL、9 mL、8 mL、7 mL、6 mL 去离子水，然后加入 10 mL MTI 通用电解液得到浓度分别为

0.001 25 mg/L、0.002 50 mg/L、0.005 0 mg/L、0.010 0 mg/L、0.020 0 mg/L、0.030 0 mg/L、0.040 0 mg/L 的系列标准溶液。图 4.6 为不同 Cd 浓度扫描的伏安曲线，在－600 mV 附近出现 Cd 的溶出峰，并且随着浓度的升高，峰电流与峰面积逐渐增加。

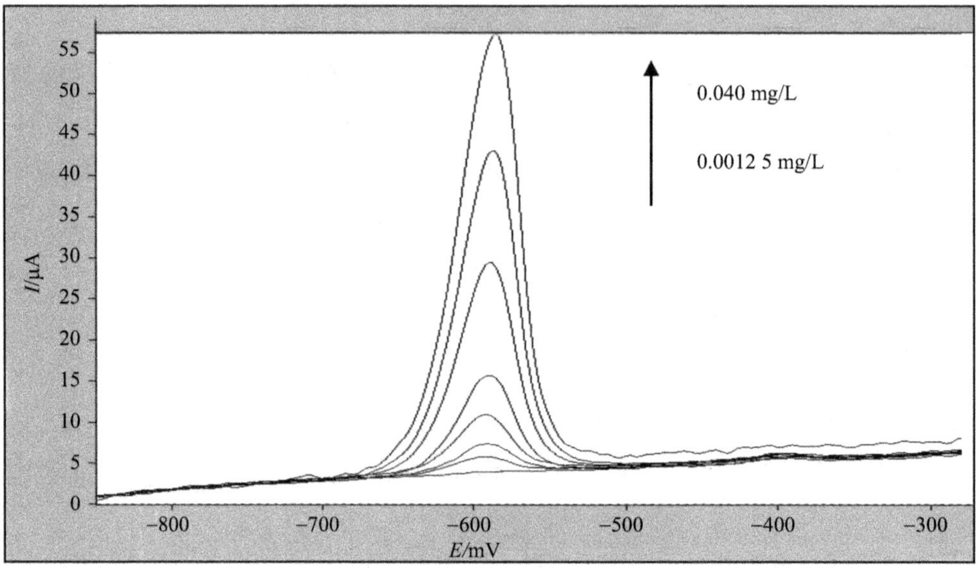

图 4.6 溶出伏安曲线随 Cd 浓度变化图

图 4.7 为分别采用峰电流和峰面积作为响应信号的标准曲线。可以看到 Cd 浓度在 0.001 25～0.040 mg · L^{-1}范围内与阳极溶出峰的峰电流和峰面积都呈良好的线性关系，相关系数都在 0.999 以上，采用峰电流作为信号的线性较好。此外，标准曲线截距接近 0，可以认为直线过零点，在野外现场和应急场合进行分析测定时直接采取单标定量法，对于高浓度的样品进行稀释后测定，测定结果利用 VAS 软件直接给出，分析一个样品所需时间仅为 5 min。

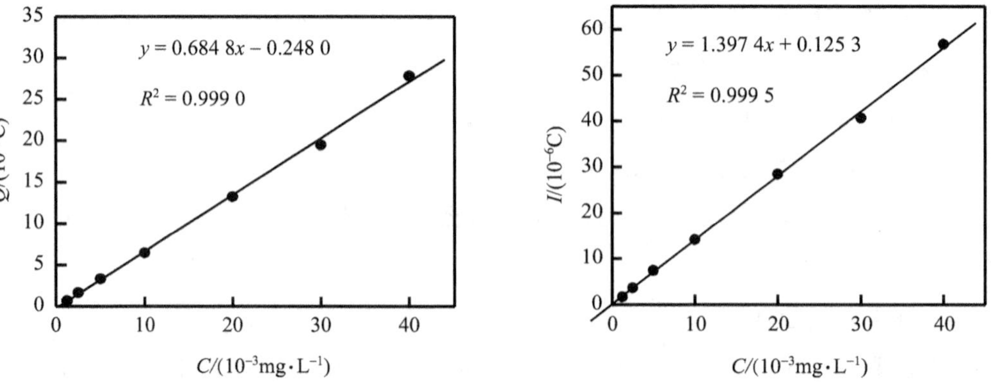

(a) Cd浓度与峰面积关系曲线

(b) Cd浓度与峰电流的关系曲线

图 4.7 Cd 浓度与峰电流

按 EPA-SW-846 中的定义（D. L＝3.14SD），平行做 7 次空白样，得出该仪器方法的检出限为 0.001 mg・L^{-1}。另外，为了使待测水样的背景基线与空白样的接近，同时增加待测水样的电导率，进行测试时需要加入 MTI 通用电解液作为支持电解质，待测水样至少需稀释一倍以上，因此仪器的实际最低检测浓度为 0.002 mg・L^{-1}。根据《地表水环境质量标准基本项目标准限值》（GB3838—2002），Ⅲ类水的 Cd 项目标准是浓度≤0.005 mg・L^{-1}，故采用 PDV6000 可以满足地表水 Cd 项目的定量分析。

（5）精密度分析

移取 1 mL 0.200 mg・L^{-1}的 Cd 标准贮备液进入分析杯后，依次加入 9 mL 去离子水和 10 mL MTI 通用电解液，得到 0.010 0 mg・L^{-1}的 Cd 标准溶液。平行测定 20 次，平均值为 0.010 3 mg・L^{-1}，测定的 RSD 为 8.93%，表明该仪器方法具有较好的精密度。采用 t 检验，将平均值与标准值进行比较：

$$n = 20,\quad f = n - 1 = 19$$

$$\bar{x} = 0.010\,3,\quad s = 0.000\,919$$

$$t = \frac{|\bar{x} - \mu|}{s}\sqrt{n} = \frac{|0.010\,3 - 0.010|}{0.000\,919}\sqrt{20} = 1.46$$

查表可得 $t_{0.05,19}=2.09$，$t<t_{0.05,19}$，因此，可以认为平均值与标准值之间不存在显著性差异，该仪器方法没有引起明显的系统误差。

（6）加标回收

分别移取 0.8 mL、1 mL、3 mL 的 Cd 质控水样（浓度为 0.301 mg・L^{-1}）加入 3 个 150 mL 烧杯中，再加入 100 mL 的湘江地表水。分别对这 3 个试样进行加标回收测定，结果见表 4.1。从表中可以看出，Cd 的加标回收率在 80.6%～117.6%之间。由此可见，该方法结果较为准确、可靠，完全可以满足现场快速分析的需要。

表 4.1　加标回收率

原含量/(mg・L^{-1})	加入量/(mg・L^{-1})	测得总量/(mg・L^{-1})	回收量/(mg・L^{-1})	回收率/%
0.003 17	0.002	0.005 52	0.002 35	117.6
0.006 39	0.005	0.011 87	0.005 48	109.6
0.002 55	0.002	0.004 16	0.001 61	80.6

（7）与传统标准方法的比对

为了进一步验证该方法的准确性，我们与传统的原子吸收法进行了比较。由于实际地表水的 Cd 浓度远低于该仪器方法的检出下限，因此采用人工合成水样进行实际水样的测定，分别采用 PDV6000 和石墨炉原子吸收分光光度计进行分析，数据结果见表 4.2。

表 4.2　人工合成水样 Cd 测定的比对结果

	PDV6000 测定值/($mg\cdot L^{-1}$)	石墨炉原子吸收测定值/($mg\cdot L^{-1}$)	相对偏差/%
001#	0.002 375	0.002 012	18.04
002#	0.002 994	0.003 528	15.14
003#	0.005 017	0.004 702	6.70
004#	0.007 166	0.005 975	19.93
005#	0.011 09	0.009 496	16.79
006#	0.012 67	0.012 233	3.57

可以看到 PDV6000 和石墨炉原子吸收两者的测定结果的相对偏差在 20%以内，表明两种方法结果基本一致。以石墨炉原子吸收测定值为横坐标，PDV6000 测定值为纵坐标作图，发现 PDV6000 的测定值比石墨炉原子吸收的测定值略高（图 4.8）；拟合斜率为 1.089 5，非常接近 1，表明两组数据联系紧密，没有显著性差异。由此可见，采用 PDV6000 快速测定水中的 Cd 是准确、可靠的。

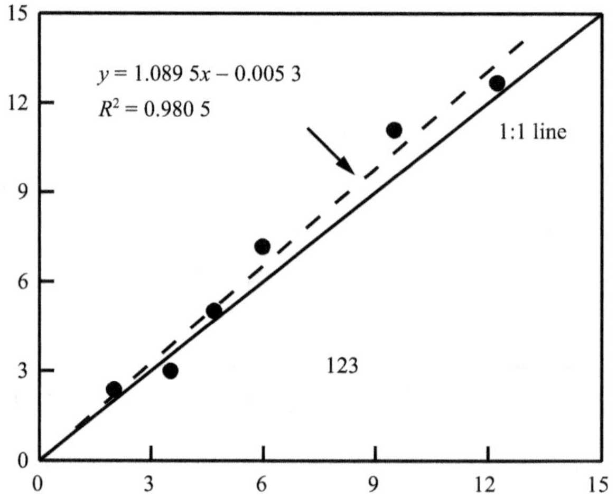

图 4.8　PDV6000 和石墨炉原子吸收拟合图

（8）结论

采用美国 MTI 公司生产的 PDV6000 重金属快速分析仪检测水中的 Cd，Cd 浓度在 0.001 25～0.040 $mg\cdot L^{-1}$范围内与阳极溶出峰的峰电流和峰面积都呈良好的线性关系，相关系数都在 0.999 以上。

测定的 RSD 为 8.93%，表明该仪器方法具有较好的精密度；加标回收率在 80.6%～117.6%之间，可以满足现场快速分析的需要。通过数理统计 t 检验发现，该仪器方法没有引起明显的系统误差。

PDV6000 和石墨炉原子吸收两者的测定结果的相对偏差在 20%以内，两种方法结果基本一致。

镀一次汞膜只能测 10 个样品，当出峰位置漂移或者峰明显变小时应重新镀汞膜。

每换一杯新的溶液前要运行清洗程序 1～2 次。清洗杯要不时地更换新的纯水。

检测结果与杯中浓度成正比，所以杯中的溶液体积应该严格控制。

4.1.4.2　PDV6000 溶出伏安法快速测定水中砷

(1) 仪器与试剂

PDV6000 重金属快速分析仪（美国 MTI），原子荧光测定仪（科创海光），KQ2200 型超声波清洗器（昆山超声仪器有限公司），超纯水器（艾柯公司）。

所有分析与测试均采用三电极体系，工作电极为金电极，辅助电极为 Pt 电极，参比电极为 Ag/AgCl (1 moL・L^{-1}KCl)。所有电位均相对于 Ag/AgCl 电极电位。

硝酸为优级纯，实验用水为去离子水，除一次性容器外，所有器皿均用超声波清洗。

(2) 溶液配制

标准贮备溶液：为 MTI 公司提供，浓度为 20 mg・L^{-1}，也可自行配制。

As 支持电解液（0.5 mol・L^{-1} HCl）配制：移取约 21 mL 浓盐酸至 500 mL 容量瓶中，用去离子水稀释至刻度。浓盐酸浓度为 36%～38%，12 mol・L^{-1}。

(3) 操作流程

用打磨布将金电极打磨至光滑，清洗后放入 1 mol・L^{-1} HCl 溶液中活化 1～2 min。

将电极清洗后放入电极架并与仪器连接，开启仪器，运行 VAS 软件。

调用 Instrument 菜单的 Initiate Run 命令，对样品进行测试。富集电位为－900 mV，扫描速度 500 mV・s^{-1}。

调用 Analysis 菜单下的 Calculate Results 命令进行结果分析，选择峰电流或者峰面积作为响应信号。

(4) 标准曲线绘制

分别移取 0.005 mL、0.010 mL、0.015 mL、0.025 mL、0.050 mL 20 mg・L^{-1}的 As 标准贮备溶液至分析杯，依次加入 9.995 mL、9.990 mL、9.985 mL、9.975 mL、9.95 mL去离子水，得到浓度分别为 0.01 mg・L^{-1}、0.02 mg・L^{-1}、0.03 mg・L^{-1}、0.05 mg・L^{-1}、0.10 mg・L^{-1}的系列标准溶液，然后，加入 10 mL MTI As 电解液进行测试。图 4.9 为不同 As 浓度扫描的伏安曲线，在 180 mV 附近出现 As 的溶出峰，并且随着浓度的升高，峰电流与峰面积逐渐增加。

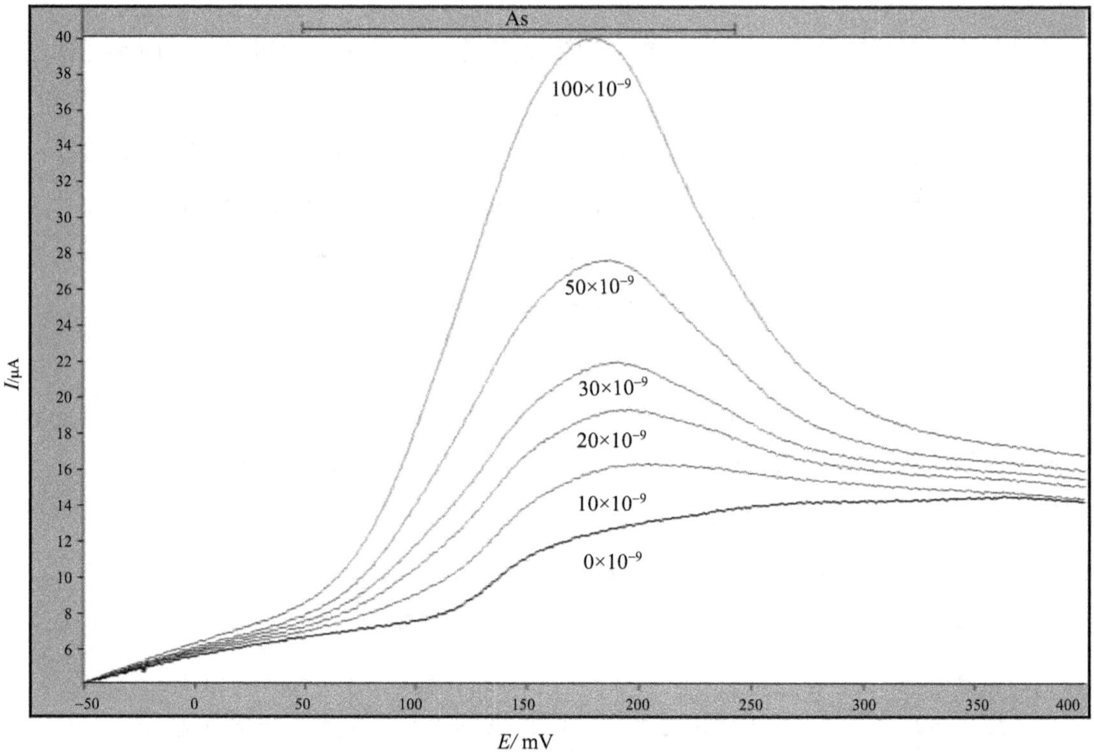

图 4.9 溶出伏安曲线随 As 浓度变化图

图 4.10 为不同时间测定的 As 标准曲线。可以看到 3 次绘制的标准曲线差别较大，表明每次采用该方法分析时需要重新做标准曲线。另外，由于曲线线性并不是非常好且截距较大，此方法采用单标测定的误差较大，在现场测定时最好采用标准添加法进行分析。

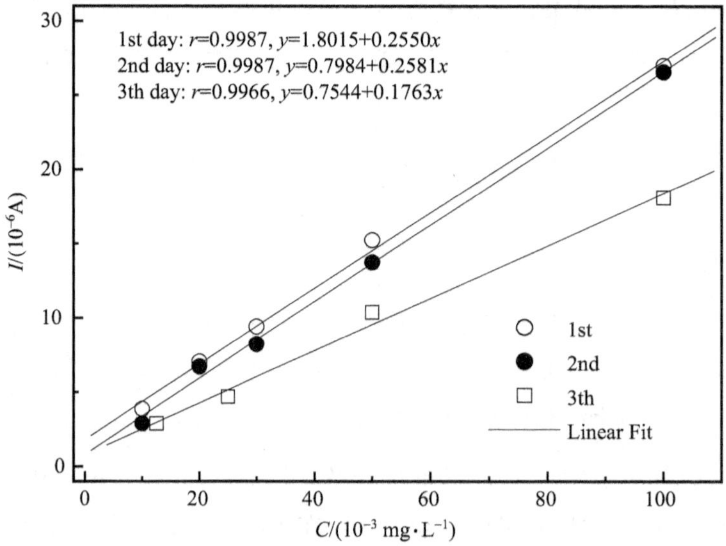

图 4.10 不同时间绘制的 As 标准曲线

(5) 精密度

对 As 含量为 0.01 mg·L^{-1}、0.02 mg·L^{-1}、0.05 mg·L^{-1}、0.10 mg·L^{-1}的统一样品进行测定，每个样品各平行测定 7 次，结果见表 4.3。

表 4.3　不同浓度的精密度

平行序号		1	2	3	4	5	6	7	$\bar{x}$/(10^{-3}mg·L^{-1})	S/(10^{-3}mg·L^{-1})	RSD/%
浓度/(10^{-3}mg·L^{-1})	10	14.61	12.92	10.38	10.70	17.05	11.06	13.41	12.88	2.41	18.7
	20	19.52	26.35	23.60	22.55	17.92	19.48	22.86	21.76	2.92	13.4
	50	50.71	57.84	60.28	53.26	66.95	54.43	54.70	56.88	5.41	9.5
	100	113.84	116.71	100.75	95.65	101.38	106.06	105.59	105.71	7.43	7.0

可以看到，该方法的测定结果在低浓度时偏差较大，但浓度在 0.05 mg·L^{-1}以上时很稳定，RSD 在 10%以内，完全满足应急状态下 As 项目Ⅲ类水分析要求。

(6) 准确度

按照分析步骤，对 As 含量不同的 2 种国家有证标准物质进行测定，结果见表 4.4。其中单标法的标准溶液浓度为 0.10 mg·L^{-1}，标准添加法的标准贮备溶液为 20 mg·L^{-1}。

表 4.4　国家有证标准物质的测定

标样保证值/(mg·L^{-1})	单标法			标添法		
	测定平均值/(mg·L^{-1})	绝对误差/(mg·L^{-1})	相对误差/%	测定平均值/(mg·L^{-1})	绝对误差/(mg·L^{-1})	相对误差/%
0.202±0.022	0.215	0.013	6.436	0.200	0.002	0.99
0.060 6±0.004 2	0.071 0	0.010 4	17.161 7	0.058 0	0.002 6	4.29

表 4.5　加标回收率测定结果

序号	加标前测定值/(mg·L^{-1})	加标量/(mg·L^{-1})	单标法		标添法	
			加标后测定值/(mg·L^{-1})	加标回收率/%	加标后测定值/(mg·L^{-1})	加标回收率/%
1	0.011 4	0.010	0.023 2	117.6	0.020 8	93.5
2	0.021 3	0.020	0.046 6	126.2	0.042 1	103.8
3	0.056 3	0.050	0.117 1	121.6	0.108 7	104.8
4	0.103 6	0.100	0.197 6	94.0	0.206 0	102.4

分别移取 0.1 mL、0.2 mL、0.5 mL、1.0 mL 的 As 标准贮备溶液至 200 mL 容量瓶中，再加入湘江地表水至刻度。分别对这 4 个试样进行加标回收测定，结果见表 4.5。从表中可以看出，采用单标法测定，As 的加标回收率在 94.0%～126.2%之间；采用标准添

加法测定时 As 的加标回收率在 93.5%～104.8%之间。可见，采用单标法虽然可满足现场分析要求，但标准添加法的准确度更优越。

（7）结论

利用美国 MTI 公司生产的 PDV6000 重金属快速分析仪，可以现场快速分析水中 As 浓度，该法可采用单标法测定和标准添加法测定。

采用单标法测定，对国家标准物质的分析误差在 20%以内，加标回收率在 94.0%～126.2%之间；采用标准添加法测定，对国家标准物质的分析误差在 5%以内，加标回收率在 93.5%～104.8%之间。

浓度在 0.05 $mg \cdot L^{-1}$以上时很稳定，RSD 在 10%以内，完全满足应急状态下现场分析的要求。

As 分析的工作电极为裸金电极，分析前要按照电极清洗打磨步骤进行处理，建议每次测定前用 5 mol/L HCl 进行浸泡。

若初次分析样品结果大于 500×10^{-9}时，应将水样稀释后再测定，否则测定结果可能大大低于真实值。因为在高于 500×10^{-9}浓度下分析时，电极处于接近饱和状态，溶出峰电流值接近最大，易导致结果偏低。

水体中若含有表面活性剂，则很容易使电极表面钝化，无法检测。因此，当碰到发泡的水样时或明确知晓含有表面活性剂时应特别注意，此时，若发生钝化，应重新打磨电极，并对水样进行消解。

4.2 便携式气相色谱质谱联用仪

4.2.1 概述

便携式气相色谱质谱联用仪主要是由气相色谱系统、质谱系统、真空系统、电子系统、软件系统等部分组成，可充分发挥气相色谱法高分离效率和质谱法强定性的能力，对突发性环境污染事故的监测能力更强，具有更大的优势，为环境应急监测工作有毒物质的分析提供更大的便利。

4.2.2 原理及适用范围

便携式气相色谱质谱联用仪原理和台式气相色谱质谱仪原理是相同的，结合了气相色谱技术和质谱技术两者的优点。气相色谱法是利用混合物的不同组分在两相中具有不同分配系数，当两相做相对运动时，不同组分在两相中进行多次反复分配实现分离，其最大特点在于高效的分离能力和高灵敏度，但其定性能力弱，特别是对难分离的混合物。而质谱法正好弥补了这些不足，它是通过将被测样品离子化，利用不同离子在电场或磁场的运动规律，把离子按质荷比分开而得到质谱信息，它能给出化合物的分子量、元素组成、经验式及分析结构信息，定性专属性强。[①]

便携式气相色谱质谱联用仪及其辅助装置可应用于气、水、土中挥发性有机物的现场定性、定量分析。

4.2.3 常见仪器

4.2.3.1 INFICON 便携式气相色谱质谱联用仪

美国 INFICON 公司是具有真空机检漏专业技术背景的公司，至今已有 200 多年历史。INFICON 公司基于其长期的微型四级杆质谱技术及真空技术的积累，推出了针对现场快速检测的 HAPSITE 便携式气相色谱质谱联用仪（图 4.11～图 4.13）。

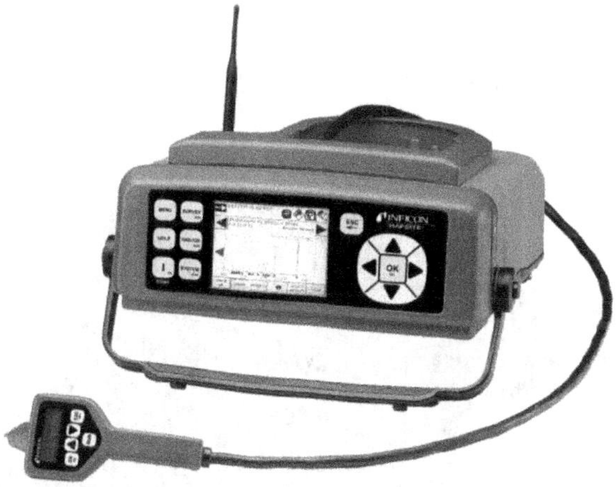

图 4.11　HAPSITE ER 便携式气相色谱质谱联用仪

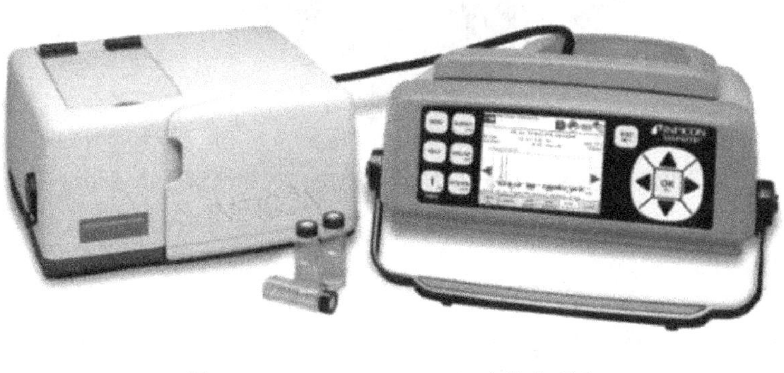

图 4.12　HAPSITE ER＋动静态顶空

① 参考《快速检测技术及在环境污染与应急事故监测中的应用》，宁波市环境监测中心主编，中国环境科学出版社，2011 年。

图 4.13　HAPSITE ER＋SituProbe 在线水探头

4.2.3.2　谱育科技便携式气相色谱质谱联用仪

杭州谱育科技发展有限公司（简称“谱育科技”）创立于 2015 年，总部位于浙江杭州，是聚光科技集团旗下自孵化子公司，专注于重大科学仪器研发和产业化创新应用，推动以技术创新实现分析检测及监测的现场化、自动化、智能化，推出了针对现场快速检测的便携式气相色谱质谱联用仪（图 4.14）。

图 4.14　谱育科技 EXPEC 3500 便携式气相色谱质谱联用仪

4.2.4　方法应用

4.2.4.1　INFICON 便携式 GC-MS 应急现场测定空气中 54 种挥发性有机物

(1) 仪器与试剂

HAPSITE 便携式气相色谱质谱联用仪（INFICON）；特氟龙或 Tedlar 采样袋（大连德霖）；5 μL 微量注射器；100 mL 玻璃注射器；甲醇（进口色谱纯）；甲醇中 54 种 VOCs

标样（200 mg/L）。

（2）实验条件

进样口温度为 200 ℃；程序升温条件：60 ℃（7 min）→20 ℃/min→150 ℃→10 ℃/min→180 ℃；载气：氮气（99.999%）；NEG 泵温度：400 ℃；传输线温度：70 ℃。

（3）谱图

谱图如图 4.15 所示。

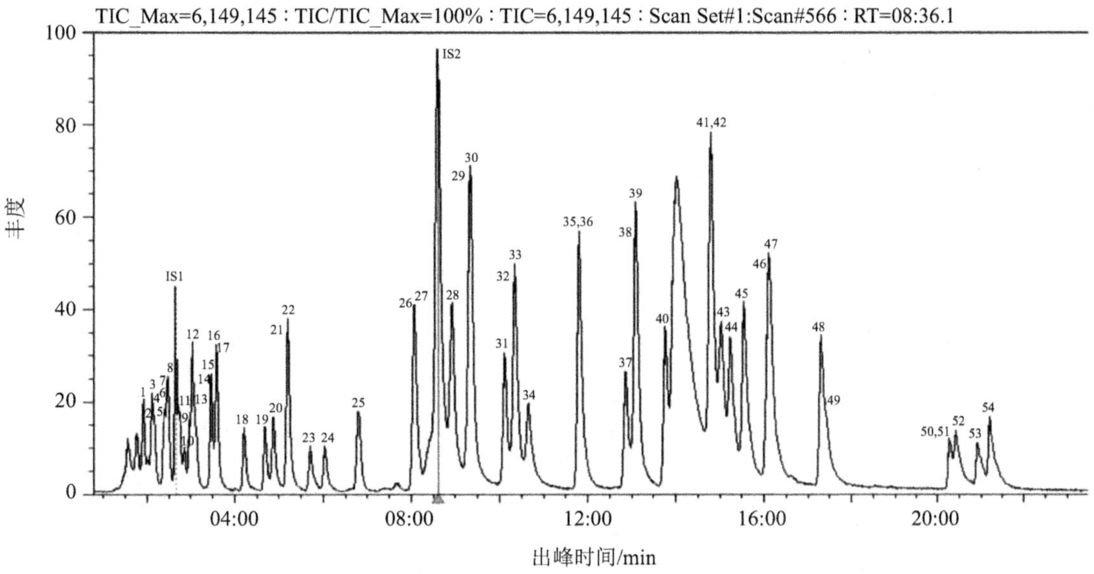

图 4.15　谱图

1—1，1-二氯乙烯；2—二氯甲烷；3—1，2-二氯乙烯（E）；4—1，1-二氯乙烷；5—1，2-二氯乙烯（Z）；6—溴氯甲烷；7—三氯甲烷；8—2，2-二氯丙烷；内标 1 IS1 TRIS；9—1，2-二氯乙烷；10—1，1，1-三氯乙烷；11—1，1-二氯丙烷；12—苯；13—四氯化碳；14—二溴甲烷；15—1，2-二氯丙烷；16—一溴二氯甲烷；17—三氯乙烯；18—1，3-二氯丙烷（E）；19—1，3-二氯丙烷（Z）；20—1，1，2-三氯乙烷；21—甲苯；22—1，3-二氯丙烷；23—一氯二溴甲烷；24—1，2-二溴乙烷；25—四氯乙烯；26—1，1，1，2-四氯乙烷；27—氯苯；内标 2 IS2 BPFB；28—乙苯；29—溴仿；30，31—间对二甲苯；32—苯乙烯；33—邻二甲苯；34—1，1，2，2-四氯乙烷；35—1，2，3-三氯丙烷；36—异丙苯；37—溴苯；38—2-氯-甲苯；39—4-氯-甲苯；40—丙苯；41—1，3，5-三甲基苯；42—1，2，4-三甲基苯；43—叔丁基苯；44—1，3-二氯苯；45—1，4-二氯苯；46—仲丁基苯；47—对异丙基甲苯；48—1，2-二氯苯；49—正丁基苯；50—1，2-二溴-3-氯-丙烷；51—1，2，3-三氯苯；52—1，2，4-三氯苯；53—萘；54—六氯丁二烯

（4）检出限

以基线噪音的 3 倍峰高所对应的浓度为仪器的定量检出限，54 种挥发性有机物的检出限如表 4.6 所示。

表 4.6　54 种挥发性有机物的检出限

物质名称	检出限/($\mu g \cdot L^{-1}$)	物质名称	检出限/($\mu g \cdot L^{-1}$)	物质名称	检出限/($\mu g \cdot L^{-1}$)
1,1-二氯乙烯	0.83	1,3-二氯丙烷(Z)	0.72	2-氯-甲苯	0.63
二氯甲烷	0.94	1,1,2-三氯乙烷	0.60	4-氯-甲苯	0.63
1,2-二氯乙烯(E)	0.83	甲苯	0.87	丙苯	0.67
1,1-二氯乙烷	0.81	1,3-二氯丙烷	0.71	1,3,5-三甲基苯	0.67
1,2-二氯乙烯(Z)	0.83	一氯二溴甲烷	0.39	1,2,4-三甲基苯	0.67
溴氯甲烷	0.62	1,2-二溴乙烷	0.43	叔丁基苯	0.60
三氯甲烷	0.67	四氯乙烯	0.48	1,3-二氯苯	0.55
2,2-二氯丙烷	0.71	1,1,1,2-四氯乙烷	0.48	1,4-二氯苯	0.55
1,2-二氯乙烷	0.81	氯苯	0.71	仲丁基苯	0.60
1,1,1-三氯乙烷	0.60	乙苯	0.76	对异丙基甲苯	0.60
1,1-二氯丙烷	0.72	溴仿	0.32	1,2-二氯苯	0.55
苯	1.03	间对二甲苯	0.76	正丁基苯	0.60
四氯化碳	0.52	苯乙烯	0.77	1,2-二溴-3-氯-丙烷	0.34
二溴甲烷	0.46	邻二甲苯	0.76	1,2,3-三氯苯	0.44
1,2-二氯丙烷	0.71	1,1,2,2-四氯乙烷	0.48	1,2,4-三氯苯	0.44
一溴二氯甲烷	0.49	1,2,3-三氯丙烷	0.55	萘	0.63
三氯乙烯	0.61	异丙苯	0.67	六氯丁二烯	0.31
1,3-二氯丙烷(E)	0.72	溴苯	0.51		

(5) 精密度和加标回收率

在 7 个装有 3 L 除烃空气的气袋中添加 200 mg/L VOCs 标样 0.5 μL，精密度和回收率测定结果如表 4.7 所示，加标回收率为 56.3%～141.1%。

表 4.7　精密度及加标回收率

物质名称	浓度/(μg·L^{-1})	浓度/(μg·L^{-1})	浓度/(μg·L^{-1})	浓度/(μg·L^{-1})	浓度/(μg·L^{-1})	浓度/(μg·L^{-1})	浓度/(μg·L^{-1})	RSD/%	加标量/(μg·L^{-1})	加标回收率/%
1,1-二氯乙烯	10.14	9.70	10.05	9.54	8.92	8.23	8.96	7.39	8.26	113.3
二氯甲烷	11.44	10.32	10.63	11.26	10.57	10.39	10.63	4.01	9.43	114.0
1,2-二氯乙烯(E)	10.64	10.37	10.37	10.30	9.38	8.68	9.30	7.46	8.26	119.4
1,1-二氯乙烷	9.99	10.11	10.45	9.38	8.48	8.83	9.25	7.54	8.09	117.3
1,2-二氯乙烯(Z)	9.17	9.02	11.26	10.52	7.58	7.78	7.42	16.69	8.26	108.5
溴氯甲烷	7.56	6.81	6.85	6.79	6.84	6.31	6.55	5.60	6.21	109.7
三氯甲烷	8.02	7.59	7.62	7.19	7.09	6.95	7.19	5.10	6.73	109.6
2,2-二氯丙烷	7.94	7.78	7.88	7.33	7.16	7.24	6.95	5.27	7.09	105.3
1,2-二氯乙烷	11.19	10.92	10.57	9.38	8.86	8.84	9.63	9.83	8.09	122.5
1,1,1-三氯乙烷	6.61	5.81	5.88	5.73	5.15	5.18	5.36	9.00	6.03	94.2
1,1-二氯丙烷	8.29	8.18	7.99	7.88	7.17	7.69	7.22	5.68	7.22	107.7
苯	12.26	11.77	11.67	11.32	10.57	10.52	10.21	6.85	10.27	108.9
四氯化碳	6.77	6.07	6.18	5.78	5.09	5.61	5.44	9.40	5.20	112.4
二溴甲烷	3.39	3.68	3.77	3.22	4.04	3.53	3.57	7.39	4.61	78.2
1,2-二氯丙烷	9.83	9.29	9.53	7.29	7.94	8.07	8.79	10.81	7.09	122.3
一溴二氯甲烷	5.74	5.18	5.37	4.89	4.86	4.49	4.83	8.15	4.89	103.4
三氯乙烯	7.46	6.55	6.69	6.69	6.22	6.23	6.14	6.93	6.12	107.4
1,3-二氯丙烷(E)	8.07	7.68	7.45	7.62	7.00	7.28	6.97	5.27	7.22	103.0
1,3-二氯丙烷(Z)	9.14	8.30	8.43	7.88	7.56	7.22	7.56	8.18	7.22	111.0
1,1,2-三氯乙烷	5.72	7.32	6.55	6.65	6.27	5.73	5.87	9.31	6.03	104.6
甲苯	10.65	9.82	9.65	9.29	9.09	9.07	8.83	6.52	8.71	108.9
1,3-二氯丙烷	9.36	8.16	8.78	7.72	7.57	7.53	7.77	8.59	7.09	114.6
一氯二溴甲烷	4.93	4.16	4.16	3.97	4.15	3.92	4.03	8.12	3.85	108.7
1,2-二溴乙烷	5.11	4.76	4.92	4.32	4.11	4.48	4.27	8.13	4.26	107.1
四氯乙烯	6.52	5.57	5.62	3.39	4.90	5.02	5.36	18.42	4.83	107.6
1,1,1,2-四氯乙烷	6.04	5.66	5.34	5.14	3.78	4.43	5.38	15.04	4.77	107.2

续表

物质名称	浓度/(μg·L⁻¹)	浓度/(μg·L⁻¹)	浓度/(μg·L⁻¹)	浓度/(μg·L⁻¹)	浓度/(μg·L⁻¹)	浓度1/(μg·L⁻¹)	浓度/(μg·L⁻¹)	RSD/%	加标量/(μg·L⁻¹)	加标回收率/%
氯苯	8.57	7.62	7.39	7.22	6.77	7.24	6.92	8.05	7.09	104.2
乙苯	9.08	8.89	9.13	8.83	8.32	8.59	8.33	3.80	7.56	115.6
溴仿	4.96	3.81	3.74	3.38	4.16	3.96	/	13.40	3.17	126.9
间对二甲苯	18.55	16.95	17.50	17.00	16.24	16.69	16.07	4.92	15.12	112.4
苯乙烯	7.83	8.22	7.33	7.24	6.63	6.86	6.73	8.12	7.71	94.3
邻二甲苯	8.70	8.55	8.44	8.01	7.41	7.28	7.72	7.06	7.56	106.0
1,1,2,2-四氯乙烷	5.34	4.75	5.04	4.87	4.79	3.89	4.96	9.31	4.77	100.8
1,2,3-三氯丙烷	6.01	6.00	6.36	5.13	4.62	5.11	5.34	11.35	5.45	101.1
异丙苯	8.21	7.36	7.08	7.08	6.89	6.74	6.44	7.94	6.68	106.5
溴苯	6.49	5.54	5.87	5.55	4.98	5.15	4.67	11.09	5.10	107.0
2-氯-甲苯	7.95	7.05	7.15	6.78	6.39	6.05	5.18	13.31	6.31	105.4
4-氯-甲苯	7.97	7.23	7.19	6.75	6.42	6.30	5.96	10.00	6.31	108.3
丙苯	7.97	7.23	7.19	6.75	6.42	6.30	5.96	10.00	6.68	102.3
1,3,5-三甲基苯	7.96	7.69	7.54	7.24	6.43	7.15	6.69	7.52	6.68	108.5
1,2,4-三甲基苯	8.89	8.06	7.77	7.94	7.42	6.98	7.17	8.29	6.68	116.0
叔丁基苯	8.04	7.25	6.99	7.14	6.68	6.21	6.45	8.70	5.98	116.5
1,3-二氯苯	6.75	5.99	5.62	5.62	5.08	4.77	4.29	14.94	5.45	99.9
1,4-二氯苯	6.41	5.65	5.17	5.22	4.68	4.48	/	14.45	5.45	95.2
仲丁基苯	7.61	7.03	7.13	6.79	6.09	6.45	5.66	9.93	5.98	111.7
对异丙基甲苯	7.35	6.80	6.91	6.64	6.18	6.25	5.73	8.23	5.98	109.5
1,2-二氯苯	6.33	5.34	5.98	4.57	5.18	5.26	4.06	14.72	5.45	96.2
正丁基苯	6.48	5.97	5.80	5.80	5.49	5.10	4.86	9.69	5.98	94.4
1,2-二溴-3-氯-丙烷	4.77	4.41	5.34	/	/	4.65	/	8.23	3.40	141.1
1,2,3-三氯苯	2.49	2.62	1.95	3.46	2.54	/	1.90	22.69	4.43	56.3
1,2,4-三氯苯	2.49	2.62	1.95	3.46	2.54	/	1.90	22.69	4.43	56.3
萘	/	/	/	5.85	5.82	5.27	4.62	10.73	6.26	86.0
六氯丁二烯	2.70	2.43	/	2.21	/	1.37	1.63	26.81	3.07	67.4

（6）实际样品的测定

利用该方法对某石化企业应急现场空气中挥发性有机物的含量进行了测定，测定结果如表 4.8 所示。测定结果表明，该方法可以用于应急现场空气中 54 种 VOCs 的测定。

表 4.8 实际样品的测定

物质名称	实际样品 1-1		实际样品 1-2		实际样品 1-3		实际样品 1-4	
	相当标准/($\mu g \cdot L^{-1}$)	结果/($mg \cdot m^{-3}$)	相当标准/($\mu g \cdot L^{-1}$)	结果/($mg \cdot m^{-3}$)	相当标准/($\mu g \cdot L^{-1}$)	结果/($mg \cdot m^{-3}$)	相当标准/($\mu g \cdot L^{-1}$)	结果/($mg \cdot m^{-3}$)
1,1-二氯乙烯	2.3	0.009	3.2	0.012	3.5	0.014	3.4	0.013
二氯甲烷	1.4	0.005	1.8	0.006	2.0	0.007	2.1	0.007
1,2-二氯乙烯(E)	未检出	<0.003	未检出	<0.003	未检出	<0.003	未检出	<0.003
1,1-二氯乙烷	未检出	<0.003	未检出	<0.003	未检出	<0.003	未检出	<0.003
1,2-二氯乙烯(Z)	未检出	<0.003	未检出	<0.003	未检出	<0.003	未检出	<0.003
溴氯甲烷	未检出	<0.003	未检出	<0.003	未检出	<0.003	未检出	<0.003
三氯甲烷	未检出	<0.003	未检出	<0.003	未检出	<0.003	未检出	<0.003
2,2-二氯丙烷	未检出	<0.003	未检出	<0.003	未检出	<0.003	未检出	<0.003
1,2-二氯乙烷	未检出	<0.003	未检出	<0.003	未检出	<0.003	未检出	<0.003
1,1,1-三氯乙烷	未检出	<0.003	未检出	<0.003	未检出	<0.003	未检出	<0.003
1,1-二氯丙烷	未检出	<0.003	未检出	<0.003	未检出	<0.003	未检出	<0.003
苯	2.3	0.007	2.8	0.009	2.9	0.009	2.8	0.009
四氯化碳	未检出	<0.003	未检出	<0.003	未检出	<0.003	未检出	<0.003
二溴甲烷	未检出	<0.003	未检出	<0.003	未检出	<0.003	未检出	<0.003
1,2-二氯丙烷	未检出	<0.003	未检出	<0.003	未检出	<0.003	未检出	<0.003
一溴二氯甲烷	未检出	<0.003	未检出	<0.003	未检出	<0.003	未检出	<0.003
三氯乙烯	未检出	<0.003	未检出	<0.003	未检出	<0.003	未检出	<0.003
1,3-二氯丙烷(E)	未检出	<0.003	未检出	<0.003	未检出	<0.003	未检出	<0.003
1,3-二氯丙烷(Z)	未检出	<0.003	未检出	<0.003	未检出	<0.003	未检出	<0.003
1,1,2-三氯乙烷	未检出	<0.003	未检出	<0.003	未检出	<0.003	未检出	<0.003
甲苯	1.6	0.006	2.4	0.009	2.6	0.010	2.7	0.0010
1,3-二氯丙烷	未检出	<0.003	未检出	<0.003	未检出	<0.003	未检出	<0.003

续表

物质名称	实际样品 1-1		实际样品 1-2		实际样品 1-3		实际样品 1-4	
	相当标准/($\mu g \cdot L^{-1}$)	结果/($mg \cdot m^{-3}$)	相当标准/($\mu g \cdot L^{-1}$)	结果/($mg \cdot m^{-3}$)	相当标准/($\mu g \cdot L^{-1}$)	结果/($mg \cdot m^{-3}$)	相当标准/($\mu g \cdot L^{-1}$)	结果/($mg \cdot m^{-3}$)
一氯二溴甲烷	未检出	<0.003	未检出	<0.003	未检出	<0.003	未检出	<0.003
1,2-二溴乙烷	未检出	<0.003	未检出	<0.003	未检出	<0.003	未检出	<0.003
四氯乙烯	未检出	<0.003	未检出	<0.003	未检出	<0.003	未检出	<0.003
1,1,1,2-四氯乙烷	未检出	<0.003	未检出	<0.003	未检出	<0.003	未检出	<0.003
氯苯	未检出	<0.003	未检出	<0.003	未检出	<0.003	未检出	<0.003
乙苯	未检出	<0.003	未检出	<0.003	未检出	<0.003	未检出	<0.003
溴仿	未检出	<0.003	未检出	<0.003	未检出	<0.003	未检出	<0.003
间对二甲苯	未检出	<0.003	未检出	<0.003	未检出	<0.003	未检出	<0.003
苯乙烯	未检出	<0.003	未检出	<0.003	未检出	<0.003	未检出	<0.003
邻二甲苯	未检出	<0.003	未检出	<0.003	未检出	<0.003	未检出	<0.003
1,1,2,2-四氯乙烷	未检出	<0.003	未检出	<0.003	未检出	<0.003	未检出	<0.003
1,2,3-三氯丙烷	未检出	<0.003	未检出	<0.003	未检出	<0.003	未检出	<0.003
异丙苯	未检出	<0.003	未检出	<0.003	未检出	<0.003	未检出	<0.003
溴苯	未检出	<0.003	未检出	<0.003	未检出	<0.003	未检出	<0.003
2-氯-甲苯	未检出	<0.003	未检出	<0.003	未检出	<0.003	未检出	<0.003
4-氯-甲苯	未检出	<0.003	未检出	<0.003	未检出	<0.003	未检出	<0.003
丙苯	未检出	<0.003	未检出	<0.003	未检出	<0.003	未检出	<0.003
1,3,5-三甲基苯	未检出	<0.003	未检出	<0.003	未检出	<0.003	未检出	<0.003
1,2,4-三甲基苯	未检出	<0.003	未检出	<0.003	未检出	<0.003	未检出	<0.003
叔丁基苯	未检出	<0.003	未检出	<0.003	未检出	<0.003	未检出	<0.003
1,3-二氯苯	未检出	<0.003	未检出	<0.003	未检出	<0.003	未检出	<0.003
1,4-二氯苯	未检出	<0.003	未检出	<0.003	未检出	<0.003	未检出	<0.003
仲丁基苯	未检出	<0.003	未检出	<0.003	未检出	<0.003	未检出	<0.003
对异丙基甲苯	2.3	0.013	2.8	0.016	2.7	0.015	2.8	0.016

（7）结论

采用便携式气相色谱质谱联用法测定现场污染空气中挥发性有机物，结果表明，该方法的线性、精密度、加标回收率均符合相关技术要求，方法准确可靠、分析速度快、灵敏度好、干扰小、操作方便快捷，可用于污染空气中 54 种 VOCs 的现场测定。

4.2.4.2 EXPEC 3500 便携式 GC-MS（顶空法）测定水中 54 种挥发性有机物（数据由谱育公司提供）

（1）仪器和试剂

实验仪器：移液枪（2～20 μL、20～200 μL、100～1 000 μL）、顶空进样系统、EXPEC 3500 便携 GC-MS、顶空瓶、移液管、容量瓶。

实验试剂：54 种 VOCs 混合标准溶液（2 000 mg/L，上海安谱）、氟苯和 1，2-二氯苯-d_4 内标混合标准溶液（2 000 mg/L，上海安谱）、甲醇（色谱纯，Merck）、纯净水（农夫山泉）。

（2）实验条件

表 4.9 实际样品的测定条件

	参数	条件
色谱条件	载气流量	0.2 mL/min
	分流比	50∶1
	质谱传输线温度	150 ℃
	气质接口温度	150 ℃
	升温程序	60 ℃保持 1 min，以 20 ℃/min 升至 80 ℃，再以 40 ℃/min升至 220 ℃，保持 1 min。
质谱条件	离子阱温度	70 ℃
	扫描范围	40～300 amu（full scan）
顶空进样系统条件	预热时间	5 min
	预热温度	50 ℃
	吹扫时间	1.5 min
	干吹时间	0.1 min

（3）谱图

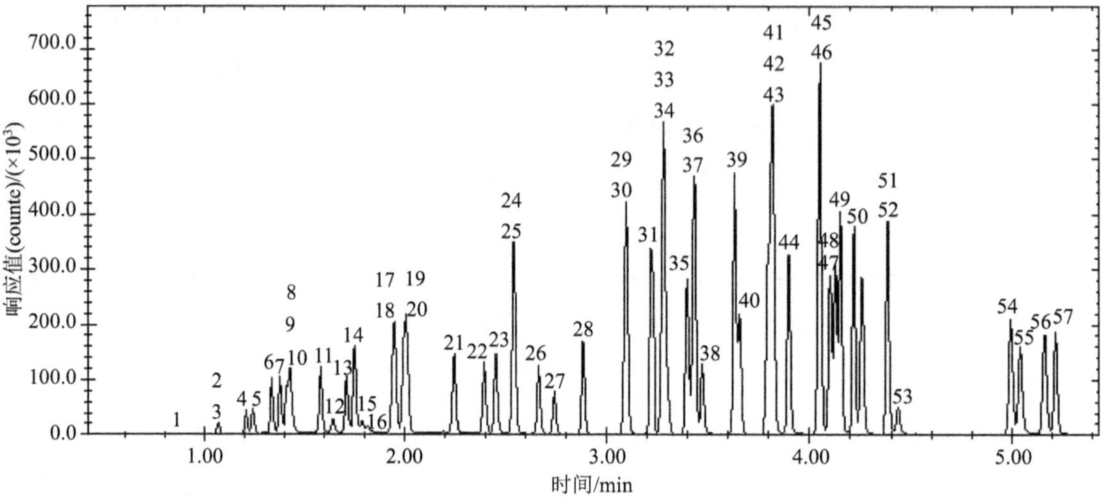

图 4.16　55 种 VOCs 的标准色谱图

1—氯乙烯；2—1，1-二氯乙烯；3—二氯甲烷；4—反式-1，2-二氯乙烯；5—1，1-二氯乙烷；6—氯丁二烯；7—顺式-1，2-二氯乙烯；8—溴氯甲烷；9—氯仿；10—2，2-二氯丙烷；11—1，2-二氯乙烷；12—1，1，1-三氯乙烷；13—1，1-二氯丙烯；14—苯；15—四氯化碳；16—氟苯（内标）；17—二溴甲烷；18—1，2-二氯丙烷；19—一溴二氯甲烷；20—三氯乙烯；21—顺式-1，3-二氯丙烯；22—反式-1，3-二氯丙烯；23—1，1，2-三氯乙烷；24—甲苯；25—1，3-二氯丙烷；26—二溴氯甲烷；27—1，2-二溴乙烷；28—四氯乙烯；29—1，1，1，2-四氯乙烷；30—氯苯；31—乙苯；32—间-二甲苯；33—对-二甲苯 34—溴仿；35—苯乙烯；36—邻-二甲苯；37—1，1，2，2-四氯乙烷；38—1，2，3-三氯丙烷；39—异丙苯；40—溴苯；41—2-氯甲苯；42—4-氯甲苯；43—正丙苯；44—1，3，5-三甲基苯；45—叔丁基苯；46—1，2，4-三甲基苯；47—1，3-二氯苯；48—1，4-二氯苯；49—仲丁基苯；50—4-异丙基甲苯；51—1，2-二氯苯-d4（内标）；52—1，2-二氯苯；53—正丁基苯；54—1，2-二溴-3-氯丙烷；55—1，2，4-三氯苯；56—萘；57—1，2，3-三氯苯

（4）方法检出限

采用 2 μg/L 的标准样品在仪器参考条件下平行测定 7 次，54 种 VOCs 的方法检出限为 0.25～1.13 μg/L。

（5）方法精密度

采用浓度为 10 μg/L、100 μg/L、500 μg/L 的标准样品溶液分别进行 6 组平行实验，精密度结果如表 4.10、表 4.11 和表 4.12 所示，6 次测定的相对标准偏差小于 20%，表明该方法中 54 种目标物的精密度符合标准要求。

表 4.10　10 μg/L VOCs 的精密度测定结果

化合物	测定结果/(μg/L)						平均值 $\bar{x}_i$/(μg/L)	标准偏差 S_i/(μg/L)	相对标准偏差 RSD_i/%
	1	2	3	4	5	6			
1,1-二氯乙烯	13.7	10.9	12.9	9.96	12.4	9.75	11.6	1.64	14.14
二氯甲烷	11.6	9.74	10.8	9.77	9.40	10.8	10.4	0.859	8.29
反式-1,2-二氯乙烯	11.5	9.63	12.0	10.3	9.96	9.66	10.5	0.994	9.47
1,1-二氯乙烷	11.6	9.74	11.3	10.6	10.1	9.50	10.5	0.848	8.10
氯丁二烯	10.6	10.1	11.8	9.60	10.1	10.2	10.4	0.743	7.15
顺式-1,2-二氯乙烯	10.8	10.6	10.7	9.60	9.54	10.3	10.3	0.561	5.47
溴氯甲烷	9.88	9.35	10.0	9.28	9.19	9.76	9.59	0.356	3.71
氯仿	10.9	10.1	10.6	9.63	9.30	10.2	10.1	0.595	5.88
2,2-二氯丙烷	11.2	9.70	11.8	10.5	10.8	9.12	10.5	0.992	9.43
1,2-二氯乙烷	10.4	11.0	10.2	9.56	9.13	10.7	10.1	0.692	6.82
1,1,1-三氯乙烷	10.7	9.03	10.7	9.69	10.5	9.72	10.1	0.679	6.76
1,1-二氯丙烯	11.3	9.27	11.8	9.11	10.6	10.4	10.4	1.072	10.3
苯	10.7	10.1	10.3	9.81	9.69	9.60	10.0	0.409	4.08
四氯化碳	10.8	10.7	10.1	9.78	11.1	9.59	10.3	0.607	5.87
二溴甲烷	11.2	11.5	10.1	8.97	9.33	10.6	10.3	1.000	9.73
1,2-二氯丙烷	10.0	11.0	10.0	9.68	8.91	10.5	10.0	0.725	7.22
一溴二氯甲烷	10.4	10.3	9.40	9.50	9.66	9.97	9.87	0.416	4.22
三氯乙烯	10.4	9.97	9.58	9.41	9.65	9.94	9.83	0.365	3.72
顺-1,3-二氯丙烯	10.7	10.1	9.73	9.64	9.40	10.2	9.97	0.463	4.64
反-1,3-二氯丙烯	10.0	10.8	9.44	9.12	9.10	10.6	9.84	0.728	7.40
1,1,2-三氯乙烷	10.6	10.7	10.3	9.45	9.86	9.81	10.1	0.497	4.91
甲苯	10.4	10.0	9.91	9.36	9.69	10.4	9.96	0.407	4.09
1,3-二氯丙烷	11.1	11.5	9.45	10.9	9.18	9.86	10.3	0.942	9.13
二溴氯甲烷	9.99	11.1	9.84	9.25	9.79	9.49	9.91	0.651	6.57
1,2-二溴乙烷	10.6	10.9	9.65	9.86	9.52	9.79	10.0	0.546	5.43
四氯乙烯	9.66	9.53	9.82	9.18	9.70	10.4	9.72	0.416	4.28
1,1,1,2-四氯乙烷	9.92	9.89	9.73	9.30	9.88	9.83	9.76	0.234	2.40
氯苯	10.5	8.99	9.52	9.58	10.5	9.07	9.70	0.675	6.96
乙苯	10.0	9.78	9.93	10.3	9.93	9.68	9.95	0.230	2.31
对,间-二甲苯	22.2	19.8	20.2	21.7	19.9	20.0	20.7	1.044	5.05

续表

化合物	测定结果/(μg/L)						平均值 $\bar{x}_i$/(μg/L)	标准偏差 S_i/(μg/L)	相对标准偏差 RSD_i/%
	1	2	3	4	5	6			
溴仿	9.42	9.61	10.1	10.7	9.10	10.1	9.84	0.578	5.87
苯乙烯	9.78	8.98	10.4	9.99	9.82	9.17	9.69	0.524	5.41
邻-二甲苯	10.2	9.73	9.85	9.68	10.1	9.92	9.91	0.208	2.10
1,1,2,2-四氯乙烷	11.4	10.3	11.3	11.0	9.93	10.3	10.7	0.589	5.50
1,2,3-三氯丙烷	10.1	10.7	10.1	10.8	9.88	9.66	10.2	0.457	4.47
异丙苯	10.1	9.56	10.0	10.8	10.4	9.32	10.0	0.538	5.35
溴苯	9.41	9.30	9.65	10.2	9.75	9.36	9.62	0.351	3.65
2-氯甲苯	8.42	9.62	10.5	11.3	9.36	10.5	9.96	1.031	10.4
4-氯甲苯	11.1	9.05	10.9	11.2	10.7	8.74	10.3	1.106	10.8
正丙苯	10.7	9.13	10.2	11.0	10.0	9.78	10.1	0.678	6.69
1,3,5-三甲基苯	10.2	9.92	10.1	10.3	10.6	9.43	10.1	0.405	4.01
叔丁基苯	11.0	9.55	10.3	10.5	10.5	9.62	10.2	0.554	5.41
1,2,4-三甲基苯	11.0	9.00	9.78	9.91	10.2	9.23	9.85	0.714	7.24
1,3-二氯苯	10.6	10.4	11.7	11.3	9.69	10.7	10.7	0.711	6.62
1,4-二氯苯	9.17	8.84	10.1	8.73	10.0	9.66	9.42	0.592	6.29
仲丁基苯	9.83	9.27	9.83	10.3	10.4	9.51	9.86	0.440	4.47
4-异丙基甲苯	10.3	9.74	10.0	10.5	10.3	9.54	10.1	0.360	3.57
1,2-二氯苯	10.0	9.84	10.4	10.4	9.71	10.0	10.1	0.296	2.93
正丁基苯	9.96	10.1	10.4	10.3	10.6	9.50	10.1	0.397	3.91
1,2-二溴-3-氯丙烷	10.3	10.9	11.1	10.3	9.89	9.77	10.4	0.535	5.14
1,2,4-三氯苯	9.61	10.9	9.51	10.6	10.0	9.36	10.0	0.641	6.4
萘	10.4	10.6	10.4	10.8	10.3	9.77	10.4	0.357	3.44
1,2,3-三氯苯	9.79	9.83	10.1	10.0	9.95	9.02	9.79	0.395	4.03

表 4.11 100 μg/L VOCs 的精密度测定结果

化合物	测定结果/(μg/L)						平均值 $\bar{x}_i$/(μg/L)	标准偏差 S_i/(μg/L)	相对标准偏差 RSD_i/%
	1	2	3	4	5	6			
1,1-二氯乙烯	121	115	112	95.8	102	85.3	105	12.0	11.5
二氯甲烷	129	112	113	111	119	99.0	114	8.88	7.81
反式-1,2-二氯乙烯	109	107	104	94.8	90.6	84.5	98.2	8.88	9.05
1,1-二氯乙烷	106	97.6	118	102	83.0	90.5	99.4	11.1	11.2

续表

化合物	测定结果/(μg/L)						平均值 $\bar{x}_i$/(μg/L)	标准偏差 S_i/(μg/L)	相对标准偏差 RSD_i/%
	1	2	3	4	5	6			
氯丁二烯	89.3	95.4	103	103	112	92.2	99.3	7.82	7.88
顺式-1,2-二氯乙烯	105	114	108	104	107	92.9	105	6.27	5.96
溴氯甲烷	119	114	113	112	118	99.3	113	6.48	5.76
氯仿	94.8	109	112	99.4	103	88.5	101	8.11	8.02
2,2-二氯丙烷	76.7	101	102	93.8	96.1	83.5	92.1	9.07	9.86
1,2-二氯乙烷	106	94.7	91.3	99.8	92.0	88.9	95.5	5.84	6.11
1,1,1-三氯乙烷	92.2	107	101	105	104	93.8	101	5.65	5.62
1,1-二氯丙烯	88.8	107	103	109	106	96.8	102	6.87	6.76
苯	96.2	99.9	90.7	102	99.2	90.7	96.4	4.37	4.53
四氯化碳	89.1	104	118	99.4	110	88.6	101	10.6	10.4
二溴甲烷	106	99.7	97.0	115	102	103	104	5.84	5.63
1,2-二氯丙烷	101	91.2	92.6	103	89.4	91.7	94.8	5.20	5.48
一溴二氯甲烷	97.6	97.7	91.6	109	93.9	97.4	97.9	5.58	5.70
三氯乙烯	99.3	94.6	88.0	108	90.6	95.9	96.0	6.36	6.62
顺-1,3-二氯丙烯	104	89.5	91.5	104	92.0	92.2	95.5	6.06	6.34
反-1,3-二氯丙烯	99.2	89.4	90.3	106	78.2	94.6	93.0	8.71	9.37
1,1,2-三氯乙烷	112	87.8	81.1	103	85.2	92.1	93.6	10.8	11.5
甲苯	99.9	92.2	92.2	109	106	96.7	99.3	6.35	6.40
1,3-二氯丙烷	108	87.5	87.0	107	99.1	104	98.7	8.60	8.70
二溴氯甲烷	105	90.9	91.9	106	88.0	94.7	96.2	7.12	7.40
1,2-二溴乙烷	97.9	89.2	84.2	115	89.8	102	96.3	10.1	10.5
四氯乙烯	88.6	94.2	95.7	108	106	96.1	98.1	6.71	6.84
1,1,1,2-四氯乙烷	101	90.5	88.9	111	96.8	98.7	97.7	7.19	7.36
氯苯	88.4	94.7	93.0	116	95.4	103	98.4	8.88	9.02
乙苯	80.4	78.2	76.4	101	85.7	89.6	85.2	8.24	9.67
对,间-二甲苯	96.0	91.1	86.8	115	96.8	103	98.1	9.16	9.33
溴仿	95.6	86.2	85.1	117	84.6	104	95.4	11.9	12.5
苯乙烯	96.8	91.7	83.0	108	97.8	96.2	95.6	7.46	7.81
邻-二甲苯	67.9	94.7	91.3	92.8	99.9	82.6	88.2	10.4	11.8
1,1,2,2-四氯乙烷	80.3	98.9	80.7	113	92.5	100	94.3	11.4	12.1

续表

化合物	测定结果/(μg/L)						平均值 $\bar{x}_i$/(μg/L)	标准偏差 S_i/(μg/L)	相对标准偏差 RSD_i/%
	1	2	3	4	5	6			
1,2,3-三氯丙烷	104	93.2	83.5	110	85.3	98.4	95.8	9.61	10.0
异丙苯	84.4	89.1	87.3	109	93.7	110	95.6	10.2	10.7
溴苯	98.7	92.1	87.5	115	91.0	103	97.8	9.22	9.42
2-氯甲苯	91.8	98.7	90.5	119	96.4	106	100	9.73	9.69
4-氯甲苯	95.8	84.1	86.5	121	95.4	108	98.4	12.6	12.8
正丙苯	92.2	97.8	94.6	126	103	113	104	11.8	11.3
1,3,5-三甲基苯	91.4	94.3	87.1	116	99.1	104	98.7	9.57	9.69
叔丁基苯	89.5	91.6	89.6	117	97.8	104	98.4	10.0	10.1
1,2,4-三甲基苯	94.0	96.3	99.3	97.2	102	96.9	97.7	2.56	2.62
1,3-二氯苯	105	108	96.3	101	120	101	105	7.52	7.15
1,4-二氯苯	98.9	96.1	104	90.0	106	89.6	97.4	6.32	6.48
仲丁基苯	90.2	96.0	103	97.3	107	97.0	98.4	5.26	5.34
4-异丙基甲苯	91.5	95.6	100	102	103	102	99.1	4.19	4.23
1,2-二氯苯	104	93.7	97.9	98.6	99.9	98.3	98.8	3.12	3.16
正丁基苯	92.6	96.2	100	99.8	103	99.4	98.6	3.43	3.48
1,2-二溴-3-氯丙烷	106	95.3	98.2	96.8	93.7	96.5	97.7	3.78	3.87
1,2,4-三氯苯	101	96.2	99.2	99.5	107	99.1	100	3.17	3.16
萘	98.4	110	96.0	96.2	103	95.8	99.9	5.18	5.19
1,2,3-三氯苯	96.1	97.3	103	98.3	105	97.9	99.5	3.11	3.13

表 4.12　500 μg/L VOCs 的精密度测定结果

化合物	测定结果/(μg/L)						平均值 $\bar{x}_i$/(μg/L)	标准偏差 S_i/(μg/L)	相对标准偏差 RSD_i/%
	1	2	3	4	5	6			
1,1-二氯乙烯	597	539	452	598	559	549	549	49	8.89
二氯甲烷	499	441	588	580	450	454	502	61	12.1
反式-1,2-二氯乙烯	459	505	588	535	494	481	510	41	8.13
1,1-二氯乙烷	502	555	505	580	531	506	530	29	5.48
氯丁二烯	559	514	519	555	541	462	525	33	6.21
顺式-1,2-二氯乙烯	501	488	506	539	493	453	497	25	5.12
溴氯甲烷	430	441	539	510	469	460	475	38	8.04
氯仿	445	420	481	543	493	527	485	43	8.85

续表

化合物	测定结果/(μg/L)						平均值 $\bar{x}_i$/(μg/L)	标准偏差 S_i/(μg/L)	相对标准偏差 RSD_i/%
	1	2	3	4	5	6			
2,2-二氯丙烷	510	480	443	502	570	499	501	38	7.55
1,2-二氯乙烷	479	508	522	494	501	497	500	13	2.61
1,1,1-三氯乙烷	584	439	449	495	553	501	504	52	10.3
1,1-二氯丙烯	538	531	474	502	519	454	503	30	6.01
苯	555	542	520	514	483	512	521	23	4.38
四氯化碳	575	496	445	542	529	502	515	41	7.90
二溴甲烷	463	484	520	526	521	527	507	24	4.80
1,2-二氯丙烷	500	507	518	538	486	488	506	18	3.49
一溴二氯甲烷	519	543	539	514	488	485	515	22	4.35
三氯乙烯	559	505	526	529	494	499	518	22	4.27
顺-1,3-二氯丙烯	498	498	518	526	497	513	508	11	2.21
反-1,3-二氯丙烯	457	495	517	486	538	563	509	35	6.80
1,1,2-三氯乙烷	481	567	479	490	571	477	511	41	8.11
甲苯	485	573	514	501	526	532	522	28	5.31
1,3-二氯丙烷	509	498	496	471	572	531	513	32	6.20
二溴氯甲烷	506	462	509	484	548	539	508	30	5.83
1,2-二溴乙烷	469	422	480	502	558	539	495	45	9.11
四氯乙烯	521	490	534	445	488	456	489	32	6.48
1,1,1,2-四氯乙烷	560	488	525	537	553	493	526	27	5.20
氯苯	544	500	553	541	521	508	528	20	3.70
乙苯	580	546	523	537	556	489	538	28	5.26
对,间-二甲苯	587	576	543	539	533	508	548	26	4.84
溴仿	497	447	436	593	535	514	504	53	10.6
苯乙烯	525	539	568	511	563	519	537	22	4.01
邻-二甲苯	594	516	520	532	514	482	526	34	6.46
1,1,2,2-四氯乙烷	517	462	443	588	521	549	513	49	9.60
1,2,3-三氯丙烷	460	433	469	589	508	523	497	51	10.2
异丙苯	519	567	533	519	513	501	525	21	3.99
溴苯	471	499	485	546	538	524	510	27	5.38
2-氯甲苯	534	548	560	538	540	573	549	14	2.49

续表

化合物	测定结果/(μg/L)						平均值 $\bar{x}_i$/(μg/L)	标准偏差 S_i/(μg/L)	相对标准偏差 RSD_i/%
	1	2	3	4	5	6			
4-氯甲苯	501	530	495	526	552	536	523	20	3.78
正丙苯	544	545	494	533	537	505	527	20	3.75
1,3,5-三甲基苯	512	563	503	535	537	511	527	20	3.86
叔丁基苯	457	543	465	556	543	510	512	39	7.59
1,2,4-三甲基苯	490	570	480	528	560	515	524	33	6.32
1,3-二氯苯	494	501	561	560	485	527	521	31	5.91
1,4-二氯苯	540	474	524	518	523	547	521	23	4.46
仲丁基苯	512	539	531	498	488	519	514	18	3.43
4-异丙基甲苯	499	508	449	500	477	509	490	21	4.37
1,2-二氯苯	483	486	470	486	467	486	480	8	1.68
正丁基苯	522	509	474	487	463	497	492	20	4.05
1,2-二溴-3-氯丙烷	473	455	443	547	484	488	482	33	6.85
1,2,4-三氯苯	545	526	460	528	487	489	506	29	5.82
萘	501	504	444	545	485	554	506	37	7.28
1,2,3-三氯苯	467	468	426	562	537	479	490	46	9.36

(6) 方法准确度

采用浓度为 10 μg/L 和 100 μg/L 的地表水加标溶液以及浓度为 50 μg/L 和 200 μg/L 的工业废水加标溶液，分别进行 6 组平行实验。地表水和工业废水加标测试结果表明，54 种目标物的加标回收率范围均在 80%～120%之间，符合标准要求。

(7) 结论

采用顶空进样系统和 EXPEC 3500 便携 GC-MS 建立了水中 54 种 VOCs 的分析方法，方法精密度和准确度均符合标准要求。

4.3 便携式紫外-可见分光光度计

4.3.1 概述

便携式紫外-可见分光光度计是目前环境污染事故应急监测中应用较为广泛的便携式仪器之一，主要是根据吸收光谱上某些特征波长处的吸光度的高低来判别或测定物质含量。便携式紫外-可见分光光度计体积较小，重量较轻，携带方便，操作简单，分析速度较快，同时具有较好的选择性，精密度和准确度较高，因而是应急监测中经常用到的一种快速分析仪。

便携式紫外-可见分光光度计主要由光源、单色器、吸收池、检测器和显示装置组成。光源的作用是提供所需波长范围内的连续光谱，光源要能量分布均匀、稳定，有足够的光强度，而且需要稳定的电压，因为电压的微小变化会引起光强度的变化，影响分析结果。紫外区光源一般使用氢灯或氘灯（180～375 nm），而可见分光光度计的光源多用热光源，如钨灯，其波长范围为 400～1 000 nm，在可见和近红外区，使用发光波长为 320～2 500 nm范围内的碘钨灯。单色器负责将光源发出的连续光谱分解为单色光。分光光度计的单色器通常由棱镜或光栅等色散元件及狭缝和透镜等组成，可见分光光度计常用玻璃棱镜，紫外-可见分光光度计常用石英棱镜，这是由于玻璃对紫外光有较强吸收的缘故。光栅是利用光的衍射与干涉作用制成的色散元件，它具有适用波长范围宽、分辨性能好和色散均匀等优点。吸收池也叫比色皿，用来盛放试液。按制作材料可分为石英吸收池和玻璃吸收池，前者用于紫外和可见区，后者仅用于可见区。检测器利用光电效应，将光能转成电流信号。常用的检测器有光电池、光电管、光电倍增管、光电二极管、光导摄像管等。显示装置用于显示分析结果，如检流计、微安表、数字显示记录仪等。

4.3.2　原理及适用范围

分光光度法的原理是利用物质吸收光谱的特性，也就是物质中的分子和原子吸收了入射光中的某些特定波长的光能量，相应地发生了分子振动能级跃迁和电子能级跃迁。由于各种物质具有各自不同的分子、原子和不同的分子空间结构，其吸收光能量的情况也就不会相同，因此每种物质就有其特有的、固定的吸收光谱曲线，可根据吸收光谱上的某些特征波长处吸光度的高低判别或测定该物质的含量，这就是分光光度法定性和定量分析的基础。按所吸收光的波长区域不同，分为紫外分光光度法和可见分光光度法，合称为紫外-可见分光光度法。

根据朗伯-比耳定律（又称光吸收的基本定律），当吸光物质光程一定时，吸光度与吸光物质的浓度呈线性关系，因此，可以根据直接比较法和标准曲线法测定试样溶液中待测物质的浓度。在实际使用过程中，一般使用单层光辐射穿透被测物质溶液，这样被该物质吸收的量与该物质的浓度 c 和液层的厚度 b（光路长度）成正比，其数学表达式为：

$$A=Kbc$$

式中：A 为吸光度；c 为溶液浓度；b 为液层厚度；K 为系数。

物质对光的选择性吸收波长，以及相应的吸收系数是该物质的物理常数，是其固定的属性。因此，当已知纯物质在一定条件下的吸收系数后，就可用同样条件将该供试品配成溶液，测定其光的吸收度，即可由上式计算出试品中该物质的含量。常用的波长范围和仪器为：①200～400 nm 的紫外光区，使用紫外分光光度计；②400～760 nm 的可见光区，使用可见分光光度计，在可见光区除某些物质对光有吸收外，很多物质本身并没有吸收，但可在一定条件下加入显色试剂或经过处理使其显色后再测定，故又称比色分析，因此其仪器又称为比色计；③2.5～25 μm（按波数计为 4 000～400 cm^{-1}）的红外光区，所用仪器为原子吸收分光光度计。

几乎所有的无机元素和在紫外及可见光区有特征吸收的化合物都能用紫外-可见分光光度法进行测定。由于便携式仪器体积等方面的制约，目前，便携式分光光度计可对水质中 240 多种有毒有害物质进行定量测量，可应用于突发性环境污染事故应急现场快速测定，适用于事故现场周边污染水体中目标污染物的测定。

4.3.3 常见仪器

4.3.3.1 DR2800 分光光度计

美国 HACH 公司成立于 1947 年，是设计和制造水文、水质监测仪器的专业厂家。作为水质、水文监测仪器的世界领头者，HACH 公司一直致力于使化学分析过程更方便、更迅捷、更可靠。美国 HACH DR2800 分光光度计（图 4.17）是 HACH 公司较新推出的分光光度计产品，具有优良的光学稳定性。

图 4.17 HACH DR2800 分光光度计

4.3.3.2 DR900 便携式多参数比色计

DR900 便携式多参数比色计（图 4.18）是美国 HACH 公司发布的最新一代的便携比色计。配合 HACH 预制试剂，可在现场快速、简便、准确地测量 COD、TOC、氨氮、总氮、总磷、余氯、总氯、SS、浊度、氰、氟、六价铬、总铬、铜、铁、锰、锌等参数，非常适合对污水、地表水、自来水、锅炉水等水样的检测与测量。

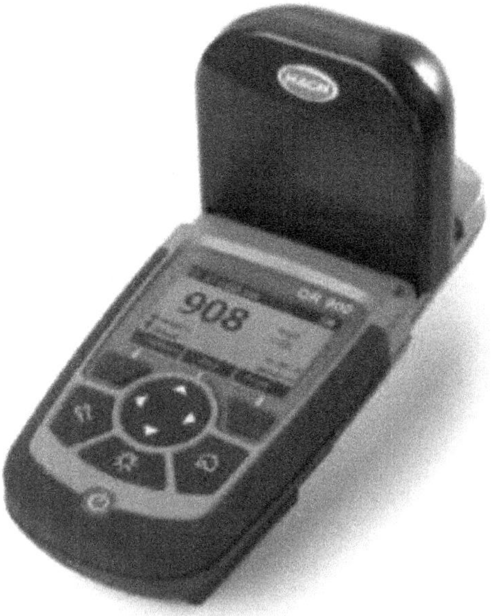

图 4.18　HACH DR900 便携式多参数比色计

4.3.3.3　V-2000 Potometer 分光光度计

美国 CHEMetrics 公司成立于 1969 年，是一家生产简单易用、准确、便携的水质检测仪器及其试剂盒的公司。其核心技术是自吸式安瓿瓶，每个测试套件中都包含专有的自充式安瓿瓶，每个安瓿瓶里含有精确剂量的试剂，测试时只需将安瓿瓶放入样品杯中，折断顶端，安瓿瓶会自动吸入准确计量的样品，样品在其中反应形成颜色，然后用比色计或光度仪器测量，仅仅几分钟即可获得结果。V-2000 Potometer 分光光度计是美国 CHEMetrics 公司最快速、最便捷的精确光度水质分析分光光度计，如图 4.19 所示。

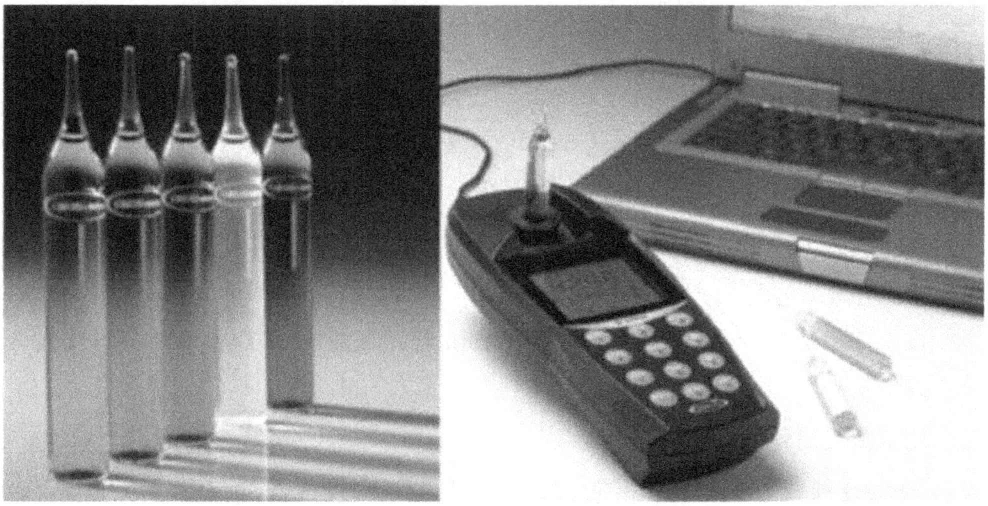

图 4.19　CHEMetrics V-2000 Potometer 分光光度计

4.3.4 注意事项

（1）不要快速地连续打开和关闭仪器。

（2）若特殊情况必须连续开关仪器，需在再次打开仪器电源前至少等待 20 s，否则，可能损坏电子和机械系统。

4.3.5 方法应用

4.3.5.1 DR2800 分光光度计测定水中氨氮

（1）仪器与试剂

（a）DR2800 分光光度计（HACH）。

（b）超纯水器（艾柯）。

（c）移液枪。

（d）硫酸锌：化学纯。

（e）NaOH：优级纯。

（f）TNT 830 试剂管。

（2）校准曲线的绘制

分别吸取 0 mL、0.03 mL、0.06 mL、0.18 mL、0.3 mL、0.42 mL 和 0.6 mL 铵标准使用溶液（10 mg/L）至 HACH 公司配制的 TNT 830 试剂管中，再对应加入 3 mL、2.97 mL、2.94 mL、2.82 mL、2.7 mL、2.58 mL 和 2.4 mL 去离子水。加 0.06 mL 酒石酸钾钠溶液，混匀。加 0.09 mL 纳氏试剂，混匀。放置 10 min 后，在波长 420 nm 处，采用 DR2800 分光光度计测量吸光度。由仪器内置软件，绘制以氨氮含量（mg）对校正吸光度的校准曲线。

（3）水样的处理

取 100 mL 水样于烧杯中，加入 1 mL 10%硫酸锌溶液，加入约 0.2 mL 25%氢氧化钠溶液，调节 pH 至 10.5 左右，混匀。放置沉淀，取上清液待用。

（4）水样的测定

吸取 3 mL 经过处理后的水样至 TNT 830 试剂管中，加 0.06 mL 酒石酸钾钠溶液，混匀。加 0.09 mL 纳氏试剂，混匀。放置 10 min 后，在波长 420 nm 处，采用 DR2800 分光光度计测量吸光度。

（5）校准曲线的绘制

图 4.20 为连续两天测定的校准曲线。可以看出，两天所做的校准曲线基本重合，表明该方法校准曲线很稳定，可以在较长时间内用同一条校准曲线。

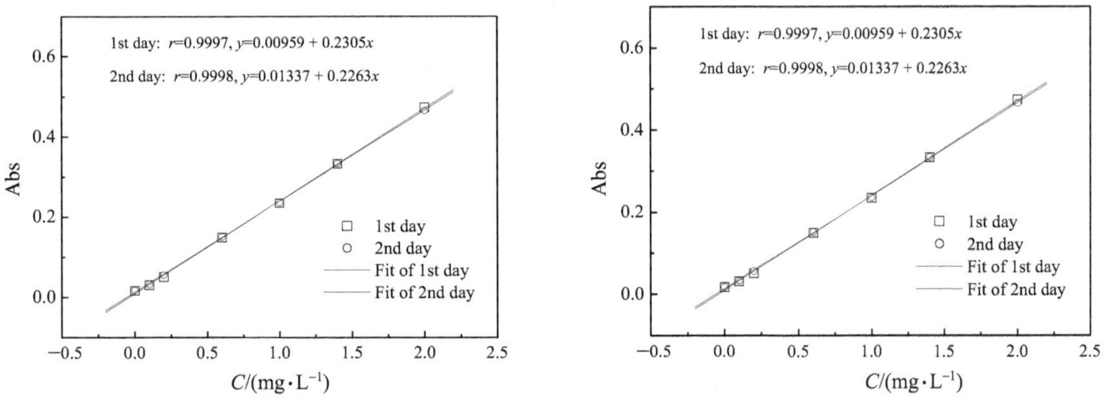

图 4.20　分析方法的校准曲线

按照样品分析的全部步骤，对空白样品（去离子水）进行 7 次平行测定。计算 7 次平行测定的标准偏差，按下列公式计算方法检出限：

$$MDL = t_{(n-1,0.99)} \times S \tag{1}$$

其中：$t_{(n-1,0.99)}$为置信度为 99%、自由度为 $n-1$ 时的 t 值，n 为重复分析的样品数，连续分析 7 个样品，在 99%的置信区间，$t_{(6,0.99)}=3.143$，得出方法实验室内检出限为 0.02 mg/L，测定下限为 0.08 mg/L，与环境保护行业标准 HJ 535—2009 相近。《地表水环境质量标准基本项目标准限值》(GB 3838—2002)，氨氮项目Ⅲ类水的标准限值为 1.0 mg/L，采用此方法可以满足地表水氨氮项目的定量分析。

（6）精密度

连续 5 天测定了氨氮含量为高、中、低（0.200 mg/L、0.800 mg/L、1.800 mg/L）的统一样品，每个样品各平行测定 7 次，将每天的结果计算平均值，见表 4.13。

表 4.13　方法精密度测定

第一天测定平均值/(mg/L)	第二天测定平均值/(mg/L)	第三天测定平均值/(mg/L)	第四天测定平均值/(mg/L)	第五天测定平均值/(mg/L)	标准偏差 S/(mg/L)	相对标准偏差 RSD/%
0.207	0.208	0.196	0.195	0.195	0.006 7	3.34
0.802	0.797	0.798	0.8	0.802	0.002 3	0.29
1.808	1.803	1.804	1.805	1.802	0.002 3	0.13

由表 4.13 可知，该方法的测定结果很稳定，连续 5 天的测定数据 RSD 在 5%以内。

（7）准确度

按照分析步骤，对氨氮含量不同的 2 种国家有证标准物质进行测定，结果见表 4.14。

表 4.14　国家有证标准物质的测定

标样保证值/(mg/L)	测定平均值/(mg/L)	绝对误差/(mg/L)	相对误差/%
0.193±0.022	0.198	0.005	2.6
1.50±0.07	1.51	0.01	0.67

由铵标准使用溶液配制浓度分别为 0.05 mg/L、0.2 mg/L、0.5 mg/L、0.8 mg/L 的样品，并对样品进行加标量测定。分别移取 0.5 mL、2 mL、5 mL、8 mL 的铵标准使用溶液，加入 4 个 150 mL 的烧杯中，再分别加入 100 mL、98 mL、95 mL、92 mL 的湘江地表水。分别对这 4 个试样进行加标回收测定，结果见表 4.15。从表中可以看出，氨氮的加标回收率在 96.4%～106.0%之间。由此可见，该方法结果较为准确、可靠，完全可以满足现场快速分析的需要。

表 4.15　加标回收率测定结果

序号	加标前测定值/(mg/L)	加标量/(mg/L)	加标后测定值/(mg/L)	加标回收率/%
1	0.051	0.05	0.103	104.0
2	0.198	0.1	0.304	106.0
3	0.52	0.5	1.002	96.4
4	0.803	0.8	1.598	99.4

(8) 方法比对

为了进一步验证该方法的准确性，我们开展了与环境保护行业标准方法的比对实验。选择 8 个实际水样，分别采用《水质氨氮的测定纳氏试剂分光光度法》(HJ 535—2009)和本方法进行测试，测试结果见表 4.16。可以看出，如果水样经过絮凝沉淀过滤，本法与标准方法相比，相对偏差在 5%以内；如果絮凝沉淀后直接取上清液，本法与标准方法相比，相对偏差在 10%以内，完全满足现场分析的要求。

表 4.16　与现行标准方法比对测试数据

样品序号	纳氏试剂分光光度法(HJ535—2009)	水样沉淀絮凝后过滤处理		水样沉淀絮凝后取上清液	
		测定值/(mg/L)	相对偏差/%	测定值/(mg/L)	相对偏差/%
1	2.2	2.25	2.25	2.29	4.01
2	1.53	1.55	1.30	1.68	9.35
3	0.035	0.034	2.90	0.036	2.82
4	0.07	0.069	1.44	0.071	1.42
5	0.126	0.128	1.57	0.127	0.79

续表

样品序号	纳氏试剂分光光度法（HJ535—2009）	水样沉淀絮凝后过滤处理		水样沉淀絮凝后取上清液	
		测定值/(mg/L)	相对偏差/%	测定值/(mg/L)	相对偏差/%
6	0.074	0.073	1.36	0.075	1.34
7	0.14	0.142	1.42	0.143	2.12
8	0.035	0.036 3	3.65	0.036	2.82

（9）结论及注意事项

利用 DR2800 分光光度计（HACH）可以现场快速分析水中氨氮浓度。检出限为 0.02 mg/L，测定范围为 0.08～2 mg/L。该法对国家标准物质的分析误差在 5%以内；与标准方法相比，相对偏差在 10%以内，完全满足现场分析的要求。由于不需要进行过滤，缩短了分析时间，使分析场合更加灵活，结果准确可靠。

注意事项：

①含有色度且无法通过絮凝手段去除色度干扰的水样不适用于此方法。

②若样品中含有《水质氨氮的测定纳氏试剂分光光度法》（HJ 535—2009）描述的干扰物质，应根据该标准采取去除干扰措施后测定。

4.3.5.2　V-2000 Potometer 分光光度计测定水中游离氯和总氯

（1）仪器与试剂

（a）V-2000 Potometer（CHEMetrics ）。

（b）实验用水（不含氯和还原性物质的水）。

（c）游离氯调零试剂：含有仪器推荐测定样品 1/20 体积的磷酸盐缓冲溶液 和 1/20 体积的 N，N-二乙基-1，4-苯二胺硫酸盐溶液的实验用水。如调零试剂长时间使用，其中可加入小于测定样品体积 1/20 的丙酮；如临用现配可不加丙酮。也可使用商品化的调零试剂。

（d）磷酸盐缓冲溶液：称取 24.0 g 无水磷酸氢二钠（Na_2HPO_4）或 60.5 g 十二水合磷酸氢二钠（$Na_2HPO_4 \cdot 12H_2O$），以及 46.0 g 磷酸二氢钾（KH_2PO_4），依次溶于水中，加入 100 mL 8.0 g/L 的二水合 EDTA 二钠（$C_{10}H_{14}N_2O_8Na_2 \cdot 2H_2O$）溶液或 0.8 g EDTA二钠固体，转移至 1 000 mL 容量瓶中，加水至标线，混匀。必要时，可加入0.020 g 氯化汞以防止霉菌繁殖及试剂内痕量碘化物对游离氯检验的干扰。也可使用商品化的产品。

（e）N，N-二乙基-1，4-苯二胺硫酸盐溶液：将 2.0 mL 硫酸和 25 mL 8.0 g/L 的二水合 EDTA 二钠溶液或 0.2 g EDTA 二钠固体，加入 250 mL 水中，配制成混合溶液。将

1.1 g无水 DPD 硫酸盐或 1.5 g 五水合物，加入上述混合溶液中，转移至 1000 mL 棕色容量瓶中，加水至标线，混匀。溶液装在棕色试剂瓶内，4 ℃保存。若溶液长时间放置后变色，应重新配制。也可使用商品化的产品。

也可用 1.1 g DPD 草酸盐或 1.0 g DPD 盐酸盐代替 DPD 硫酸盐。

(f) 碘化钾溶液：ρ（KI）＝150 g/L，称取碘化钾 15 g，溶于水中，移入 100 mL 容量瓶，加水至标线，混匀。

(2) 仪器调零

仪器测定时，将加入调零试剂的空白管插入仪器，进行调零。

(3) 校准曲线的绘制

可使用仪器内置的校准曲线进行样品测定，也可自行绘制校准曲线。

(4) 游离氯测定

在样品杯或管中加入推荐样品体积 1/20 的磷酸盐缓冲溶液和 1/20 的 DPD 溶液，然后加入仪器推荐样品量体积的试样，混匀后比色测定。也可使用商品化的试剂管。

对于含有氧化锰和六价铬的试样可通过测定其含量消除干扰。

(5) 总氯测定

在样品杯或管中加入推荐样品体积 1/20 的磷酸盐缓冲溶液和 1/20 的 DPD 溶液，然后加入仪器推荐样品量体积的试样，加入推荐样品量 1/10 体积的碘化钾溶液，混匀后比色测定。也可使用商品化的试剂管。

对于含有氧化锰和六价铬的试样可通过测定其含量消除干扰。

(6) 空白试验

用调零试剂代替试样，进行比色测定。空白试样应与样品同批测定。

(7) 方法检出限

按照样品分析的全部步骤，对空白样品（去离子水）进行 7 次平行测定。计算 7 次平行测定的标准偏差，按下列公式计算方法检出限。

$$MDL = t_{(n-1, 0.99)} \times S \tag{1}$$

其中：$t_{(n-1,0.99)}$为置信度为 99%、自由度为 $n-1$ 时的 t 值。n 为重复分析的样品数，连续分析 7 个样品，在 99%的置信区间，$t_{(6,0.99)}=3.143$，得出方法检出限为 0.04 mg/L，测定下限为 0.16 mg/L。《医疗机构水污染物排放标准》(GB 18466—2005) 中规定各种医院及医疗机构中总余氯排放限值为 0.5 mg/L。采用此方法，可以满足医疗废水总余氯项目的定量分析。

(8) 精密度

按照样品的测定方法，对 3 个不同浓度的标准溶液（0.50 mg/L、2.52 mg/L、4.53 mg/L)进行了 12 平行次测定，结果见表 4.17。

表 4.17　方法精密度测定

浓度/(mg/L)	测定值/(mg/L)												
	x_1	x_2	x_3	x_4	x_5	x_6	x_7	x_8	x_8	x_{10}	x_{11}	x_{12}	RSD/%
0.50	0.53	0.49	0.48	0.45	0.51	0.48	0.54	0.46	0.51	0.53	0.51	0.50	5.96
2.52	2.58	2.50	2.45	2.37	2.57	2.62	2.54	2.43	2.58	2.36	2.57	2.46	3.45
4.53	4.64	4.55	4.62	4.48	4.63	4.41	4.32	4.68	4.58	4.72	4.60	4.51	2.50

由表 4.17 可知，对 3 个不同浓度的样品平行测定 12 次，相对标准偏差在 10%以内，精密性较好。由此可见，该方法结果较为准确、可靠，完全可以满足现场快速分析的需要。

（9）准确度

对两个不同类型的实际水样（自来水和医疗废水）进行加标回收测定，结果见表 4.18。

表 4.18　加标回收率测定结果

序号	加标前测定值/(mg/L)	加标量/(mg/L)	加标后测定值/(mg/L)	加标回收率/%
自来水	0.50	0.10	0.60	90
医疗废水	0.93	0.20	1.12	95

由表 4.18 可知，加标回收率在 90%～95%之间。由此可见，该方法结果较为准确、可靠，完全可以满足现场快速分析的需要。

（10）结论及注意事项

利用 V-2000 Potometer 分光光度计可以现场快速分析水中游离氯和总氯，检出限为 0.04 mg/L，测定下限为 0.16 mg/L。对 3 个不同浓度的标准溶液进行测定，相对偏差在 10%以内，完全满足现场分析的监测要求。

注意事项：

①V-2000 使用之前必须归零，另外，如果测量期间适配器被移走或松动，V-2000 必须重新归零。

②仪器在归零、设定试剂空白或测量样品前须盖上蔽光罩。

4.4　冷原子吸收测汞仪

4.4.1　概述

冷原子吸收测汞仪是一种高灵敏度的测汞用的原子吸收光谱仪。一体化程度高，适应外带使用的要求。冷原子吸收测汞仪由于测量快速、操作简单和数字直读，同时具有较好的选择性，精密度和准确度较高，是应急监测中测元素汞经常用到的一种快速分析仪。

4.4.2 原理及适用范围

原子吸收全称是原子吸收光谱法，其原理是从光源辐射出一束具有特征谱线的光，当其通过试样蒸气时被蒸气中待测元素的基态原子所吸收，根据辐射光线减弱的程度来测定元素含量。当吸收光程、进样方式等实验条件固定时，样品产生的待测元素相基态原子对作为锐线光源的该元素的空心阴极灯所辐射的单色光产生吸收，其吸光度（A）与样品中该元素的浓度（C）成正比，即 $A=KC$，式中，K 为常数。据此，通过测量标准溶液及未知溶液的吸光度，又已知标准溶液浓度，可作标准曲线，求得未知液中待测元素浓度。

原子化是整个分析过程的关键，原子化的目的在于尽可能多地使待测元素转化为基态原子。元素汞在室温、不加热的条件下就可挥发成汞蒸气，并对波长 253.7 nm 的紫外线具有强烈的吸收作用，在一定的范围内，汞的浓度和吸收值成正比，符合比尔定律。

冷原子吸收测汞仪主要包括发射 253.7 nm 谱线的汞灯，气体吸收室及光电放大和测量等装置。进入吸收室的气体样品，如含有微量的汞，则通过吸收室的光线会因部分被汞吸收而减弱，根据光线减弱的程度可以测出气体中的汞含量。

居住区的汞不得超过 0.3 $\mu g/m^3$，工业生产区的汞不得超过 10 $\mu g/m^3$，生活饮用水含汞量不超过 1 $\mu g/L$。冷原子吸收测汞仪的测定范围一般在 0～10 $\mu g/L$，满足各种样品中微量汞的分析测定。

4.4.3 常见仪器

4.4.3.1 RA-915$^+$ 汞分析仪

RA-915$^+$ 汞分析仪采用赛曼效应高频调制偏振光技术、多通道吸收池、样品热解技术等，能有效地消除非选择性的背景干扰，即使信号减弱也不影响测定，使得其可以测定组成复杂的样品。测定时不需要试样预处理和吸附富集阶段，相对于经典的原子荧光法和原子吸收法，分析准确度和重现性大幅度提高，分析速度加快，成本减少。能直接测定液体、固体、气体样品，能实时检测大气中的汞，实物如图 4.21 所示。

图 4.21　RA-915+ 汞分析仪

4.4.3.2　ZR-7230 便携式汞分析仪

ZR-7230 便携式汞分析仪采用紫外原子吸收原理，通过双光路差分方式扣除背景，能有效消除背景干扰，测量更为快速准确。裸机重量小于 3 kg，方便携带，内置电池可连续工作 4 h 以上，多种测量模式可选，能满足固定源烟气汞检测和无组织厂界气态汞实时检测。测量范围宽，达到 1 000 μg/m^3，搭配不同预处理器，可适应水、气等不同环境汞泄露、排放的应急监测，实物如图 4.22 所示。

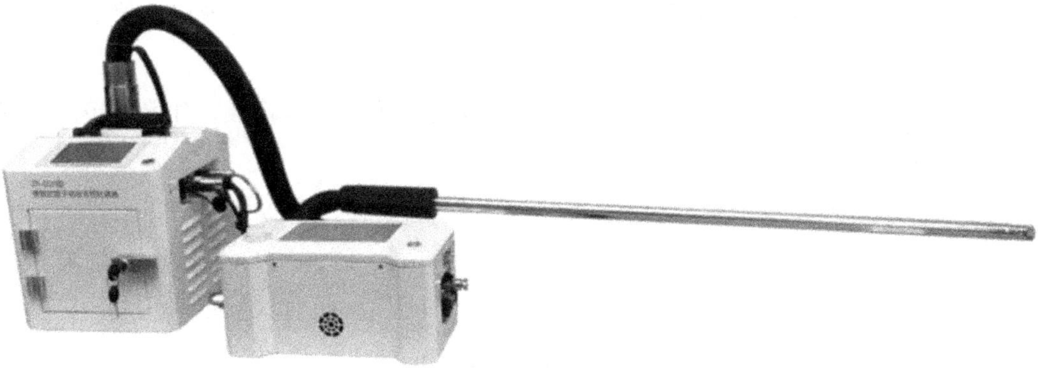

图 4.22　ZR-7230 便携式汞分析仪

4.4.4　注意事项

(1) 水蒸气对汞的测定有影响，会导致测定时响应值降低，应注意保持连接管路和汞吸收池干燥，可以通过红外灯加热的方式去除连接管路和汞吸收池中的水蒸气。

(2) 反应装置的连接管路宜采用硼硅玻璃、高密度聚乙烯、聚四氟乙烯和聚砜等材质，不宜采用硅胶管。

（3）还原剂氯化亚锡溶液随着放置时间的延长，浓度会降低，并且会发生水解，所以氯化亚锡溶液要临用现配，而且配制后应通入氮气或空气 30 min 以上以去除汞，否则容易引起空白值偏高。

（4）汞的吸附或解吸反应易在反应装置和玻璃器皿内壁上发生，故每次测定前应使用酸性重铬酸钾溶液将反应装置和玻璃器皿浸泡过夜后，再用无汞纯水冲洗干净。

4.4.5 方法应用

4.4.5.1 RA-915^{+}汞分析仪测定环境中汞

（1）仪器与试剂

（a）RA-915^{+}型汞分析仪（俄罗斯 LUMEX 公司）；可调温电热板；反应装置总容积为 250 mL，磨口而且带莲蓬形多口吹气头的玻璃翻泡瓶。

（b）汞标准溶液：标准值 100 mg/L（环境保护部标准样品研究所）。

（c）氢氧化钠，氯化亚锡，试剂纯度均为分析纯以上，实验用水均为无汞纯水或等效纯水。

（d）4%重铬酸钾：4 g 重铬酸钾溶于 100 mL 水，棕色瓶贮存 1 个月。

（e）稀释液：5%浓硝酸，5 mL 4%重铬酸钾，定容至 1 000 mL，棕色瓶贮存 1 个月。

（f）氯化亚锡：加 6 g $SnCl_2$ 于小烧杯，加 10～20 mL 水溶解；加 10 g NaOH 于另一小烧杯中，加 10～20 mL 水溶解；将 $SnCl_2$ 溶液缓慢加入 NaOH 溶液中，搅溶，最后加入 10 g NaOH 于混合液中，定容至 100 mL。

（g）汞标准储备液：移取 0.10 mL 汞标准溶液至 100 mL 容量瓶，加入稀释液稀释至标线，此溶液含汞 0.1 mg/L。

（2）校准曲线的绘制

标准曲线分别量取 0.00 mL、0.05 mL、0.10 mL、0.30 mL 汞标准储备液，移入 100 mL容量瓶中，用稀释液定容至标线，得 0.00 mg/L、0.05 mg/L、0.10 mg/L、0.30 mg/L标准系列溶液。按照分析步骤对标准系列溶液进行分析。

（3）测量条件

光源：低压汞灯；波长：253.7 nm；检测器：光电倍增管检测器；背景校正：塞曼效应背景校正；载气流量：1.0 L/min。

（4）实验步骤

每次开始测定样品前，首先开启仪器主机并预热 30 min 以上，调整载气流量为 1.0 L/min，加入 5.0 mL 的纯水，然后加入 2.0 mL 氯化亚锡溶液，反复清洗气路至没有峰值响应。再依次加入 5.0 mL 系列标准溶液和 2.0 mL 氯化亚锡溶液，最后加入5.0 mL 样品和 2.0 mL 氯化亚锡溶液。根据峰面积计算样品浓度。

(5) 校准曲线的绘制

结果见表 4.19。

表 4.19 Hg 标准曲线

浓度/(g/L)	0.00	0.05	0.10	0.30
峰高	56	389	714	1908
峰面积	885	4780	8800	23100

从表中可知，在 0.00～0.30 g/L 范围内与汞浓度对应的峰面积呈良好的线性关系，回归方程为 $y=864.17+79.15x$，相关系数为 0.999 9。

(6) 检出限

分别量取 7 组 100 mL 无汞纯水，按分析步骤进行测定，结果见表 4.20。根据《环境监测 分析方法标准制修订技术导则》(HJ 168—2010)，计算 7 次平行空白测定的标准偏差，按下列公式计算方法检出限。

$$\mathrm{MDL}=t_{(n-1,0.99)}\times S \tag{1}$$

其中，$t_{(n-1,0.99)}$ 为置信度为 99%、自由度为 $n-1$ 时的 t 值；n 为重复分析的样品数，连续分析 7 个样品，在 99%的置信区间，$t_{(6,0.99)}=3.143$。

表 4.20 本方法测定汞的检出限

平行次序	汞浓度/($g\cdot L^{-1}$)
1	0.010
2	0.008
3	0.009
4	0.010
5	0.012
6	0.009
7	0.011
均值 $\overline{x}$/(g/L)	0.009 9
标准偏差 S/(g/L)	0.001 345
相对标准偏差 RSD/%	0.005
检出限/(g/L)	0.020
测定下限/(g/L)	0.010

根据公式可计算得到，当取样体积为 5.0 mL 时，总汞的方法检出限为 0.005 μg/L，测定下限为 0.020 μg/L，满足《地表水环境质量标准》（GB3838—2002）Ⅲ类水 Hg 项目的分析要求。

（7）准确度

按照分析步骤，对汞含量不同的 2 种国家有证标准物质进行测定，结果见表 4.21。

表 4.21　国家有证标准物质的测定

标样编号	标样保证值/（μg/L）	分析结果		绝对误差/（μg/L）	相对误差/%
		仪器、方法	测定平均值/（μg/L）		
202030	6.14±0.42	RA-915⁺	6.04	−0.1	1.6
202027	16.0±1.4	RA-915⁺	15.8	−0.2	1.3

利用本方法对 2 个汞加标样品进行测定，测定结果具体见表 4.22。加标回收率在 83.0%～83.3%之间，准确度较好。由此可见，该方法结果较为准确、可靠，完全可以满足现场快速分析的需要。

表 4.22　加标回收率测定结果

序号	加标前测定值/（mg/L）	加标量/（mg/L）	加标后测定值/（mg/L）	加标回收率/%
1	0.003	0.06	0.053	83.3
2	0.004	0.10	0.087	83.0

（8）结论及注意事项

利用俄罗斯 Lumex 公司的 RA-915⁺ 汞分析仪，可以现场快速分析水中氨氮浓度。该方法的检出限为 0.02 μg/L，测定下限为 0.08 μg/L，满检出限为 0.02 μg/L，测定范围为 0.08～0.3 μg/L。该法对国家标准物质的分析误差在 5%以内，回收率在 80%以上，完全满足现场分析的要求。

注意事项：

①开机后要注意点燃汞灯。

②测定水样时，所有的玻璃容器都应该用热水洗，然后用 1∶1的热硝酸或铬酸洗液洗，最后用蒸馏水淋洗不少于 5 次。

③使用附件时，要检查仪器的气密性。

④应对 RP-91C 附加装置进行定期检修，其内容包括：检查气路的气密性，检查电路、线缆的状况。

⑤定期充电，不能搁置仪器在放电状态下超过 3 天，以免充电池永久性损坏。

⑥定期更换颗粒物和元素汞吸附过滤器，尤其在多尘环境下操作后。

第 5 章　能力配置技术指南

环境应急监测技术装备应能充分满足对各种环境污染突发事件的应急监测。环境应急监测技术装备所包含的内容十分广泛，且永无止境。从现实情况看，按环境监测技术装备配置分为以下几类，如表 5.1 所示。

表 5.1　应急监测装备配置情况表

序号	装备类别	设备名称	装备用途
1	水质采样装备	水质采样器	用于地表水采样
2		深井采样器	用于地下水或深井采样
3		便携式抽滤仪	用于现场快速过滤水样
4		水样保存箱	用于水样的保存运输
5		便携式流速测量仪	用于小型溪流、沟渠的流速流量监测
6 7	水质常规项目	便携式多功能水质检测仪	用于现场测定水温、pH、溶解氧、电导率等常规参数
8		水质试纸	主要用于水质参数的现场定性
9		水质试剂盒	主要用于水质参数的现场定性和半定量检测
10		水质多参数分光光度仪	用于现场检测 COD、氨氮、氰化物、总磷、六价铬、余氯等
		水质连续流动分析仪或流动注射分析仪	用于现场检测 COD、氨氮、氰化物、总磷、六价铬、余氯等
11	水质重金属项目	便携式测汞仪	用于现场快速测定水体中的汞含量
12		便携式重金属测定仪	用于现场快速测定水体中的重金属含量
13		车载 ICP-MS	用于现场快速测定水体中的重金属含量

续表

序号	装备类别	设备名称	装备用途
14	水质有机项目	便携式 GC-MS	主要用于现场定性、定量检测挥发性有机组分（VOC_S）
15		便携式傅里叶红外分析仪	主要用于现场定性、定量检测挥发性有机组分（VOC_S）
16		便携式测油仪	用于现场快速检测水质中的油类含量
17	水质生物指标	生物毒性检测仪	用于快速检测水质的生物急性毒性
18		手持式叶绿素（蓝绿藻）测定仪	用于快速检测水中的蓝绿藻浓度
19		细菌快速检测仪	用于快速检测水中的大肠杆菌浓度
20	空气采样装备	便携式大气采样器	用于现场采集颗粒物及气态样品
21		苏玛罐	用于气体样品的采集
22		气象参数测定仪	用于测量风速、风向、气温、气压等
23	空气常规项目	便携式多种气体检测仪（电化学传感器法）	满足《环境空气 氯气等有毒有害气体的应急监测 电化学传感器法》（HJ 872—2017）要求，可现场对 Cl_2、H_2S、HCl、CO、HCN、$COCl_2$、HF、NH_3 等有毒有害气体进行定性和半定量检测
24		便携式傅立叶红外分析仪（无机气体监测）	满足《环境空气 无机有害气体的应急监测 便携式傅里叶红外仪法》（HJ 920—2017）要求，可现场对 CO、CO_2、SO_2、NO、NO_2、HCl、HCN、HF、N_2O、NH_3 等无机气体进行定性和半定量检测
25		气体检测管	满足《环境空气 氯气等有毒有害气体的应急监测 比长式检测管法》（HJ 871—2017）要求，用于有毒有害气体的现场定性和半定量检测
26	空气有机项目	便携式 GC-MS	主要用于现场定性、定量检测挥发性有机组分（VOC_S）
27		便携式傅立叶红外分析仪（有机气体监测）	满足《环境空气 挥发性有机物的测定 便携式傅里叶红外仪法》（HJ 919—2017）要求，主要用于苯、甲苯、乙苯、苯乙烯等挥发性有机物的现场定性和半定量分析
28		便携式 VOC 检测仪（PID 或 FID）	主要用于现场检测 VOCs、氨、苯、二氯甲烷等
29		VOC 质谱走航监测车	通过走航的方式精准探测大气污染，并可对所测区域的大气颗粒物污染进行深入的监测和分析

续表

序号	装备类别	设备名称	装备用途
30	土壤采样装备	土壤采样相关装备	用于土壤样品采集
31	土壤监测设备	便携式 X 荧光重金属检测仪	用于土壤中重金属的现场检测
32	移动应急监测平台	水质应急监测车	搭载多种功能和模块，用于水质样品的现场快速检测
33		大气应急监测车	搭载多种功能和模块，用于空气样品的现场快速检测
34	新型技术	无人机	用于高空样品采集、监测，突发环境事件航拍勘察，以及污染带追踪
35		无人船	用于水质采样和监测
36		激光雷达	用于爆炸事故烟羽的扫描跟踪
37	防护装备	防化服、防化靴、防化手套、棉纱手套、防毒面罩、安全帽、安全绳等安全防护装备	用于应对各种环境的现场作业
38	后勤保障	应急监测服装、急救箱、橡皮舟、帐篷、雨棚、应急供电设备、强光手电、激光测距仪、头灯、户外饮食等辅助设备	用于应急监测工作的后勤保障
39	软件系统	应急监测信息系统	用于应急监测人员、装备及突发环境事件应急监测相关信息的管理
40		应急监测指挥系统： （1）应急监测环境分析系统； （2）应急监测预警调度辅助决策系统	用于应急监测现场环境分析研判、应急监测预警、调度及演练指挥

第6章 常见数据库介绍

6.1 应急监测预案库

突发性环境污染事故，往往会对环境造成极大的破坏，并直接威胁人民群众的生命安全。因此，突发性环境污染事故的应急监测与环境质量监测和污染源监督检测具有同等的重要性，是环境监测工作的重要组成部分。近年来，突发性环境污染事故时有发生，对经济生产、人民生活和社会稳定产生了一定的影响。

突发性环境污染事故具有形式多样、发生突然、危害严重、处理处置艰巨的特性。应急监测是做好突发性环境污染事故救援工作和处理处置工作的前提与关键。由于突发性环境污染事故具有以上特性，当事故发生时，如果没有一套完整的应急监测预案，应急监测工作的开展将举步维艰。

突发性环境污染事故应急工作主要包括两个方面：一是对污染事故的应急监测；二是对污染事故的处理处置。应急监测必须查明环境污染情况（包括污染物的种类、性质、数量、污染范围、污染程度、扩散态势等），以便于快速、准确地为事故处理决策部门提供环境动态信息资料。

应急监测的主要目的在于在已有资料的基础上，迅速查明污染物的种类、污染程度和范围以及污染发展趋势，及时、准确地为环境保护主管部门提供科学决策的可靠依据。环境应急监测是处理突发性环境事件的关键环节之一，可探明污染物种类、污染程度和范围，以及污染发展趋势，及时准确的监测数据能为决策部门科学地评价污染事故、控制污染扩散、制定污染治理方案提供科学依据。为了提高事故应急监测能力、适应突发性环境污染事故应急处理处置的需要，制定环境监测应急预案是确保顺利实施应急监测任务的重要保证。

6.2　化学污染物毒性数据库

6.2.1　毒物

毒物是指在一定条件下，较小剂量就能对机体产生损害作用或使机体出现异常反应的外源化学物。化学污染物的毒性作用是指化学污染物对生物体产生损害的总和，亦称为毒性效应。

毒物可以是固体、液体和气体，与机体接触或进入机体后，与机体相互作用，发生物理化学或者生物化学反应，引起功能或器质性的暂时性或永久性损害，严重的甚至危及生命。区分一种外源化学物是否有毒，必须充分考虑其接触的剂量和途径。

6.2.2　毒性

毒性指一种物质对生物体易感部位产生有害作用的性质和能力。毒性越强的化学物质，导致机体损伤所需剂量就越小。

多数外源化学物对机体的毒性作用具有一定的选择性，一种外源化学物只对某一种生物产生毒害，而对其他种类的生物不具有损害作用，或者只对生物体内某组织器官产生毒性，而对其他组织器官无毒性作用，这种外源化学物对生物体的毒性作用称为选择毒性，受到损害的生物或组织器官就是靶生物或靶器官。化学物质的毒性大小可以通过对生物体所产生的损害性质和程度表现出来，主要用动物实验或其他方法检测。

6.2.3　中毒

中毒指机体受到某种化学物质的作用而引起功能性和器质性的病变。可分为急性中毒和慢性中毒，急性中毒是机体在短时间内一次或多次摄入较大剂量的毒物而引起，通常病症严重，机体可突然或迅速死亡。慢性中毒是机体在较长时间内不断摄入或吸收较小剂量的毒物而引起，病程进展较缓慢，而且不一定导致死亡。在慢性中毒过程中，有时可出现急性发作。

6.2.4　剂量

剂量是决定外源化学物对机体造成损害作用的最主要因素，可指给予机体的或机体接触的外源化学物的数量，可指外源化学物吸收进入机体的数量，也可指外源化学物在关键组织器官和体液中的浓度或含量（后两者很难定量），一般剂量的概念是指给予机体的或机体接触的外源化学物的数量。单位通常是以单位体重接触的外源化学物数量（mg/kg 体重）或机体生存环境中的浓度（mg/m^3 空气，mg/L 水）表示。

致死剂量（LD）：指以机体死亡为观察指标而确定的外源化学物剂量，按照可引起机体死亡率不同有以下几种致死剂量：

（1）绝对致死量（LD_{100}）：指能引起所观察个体全部死亡的最低剂量，或在实验中可引起实验动物全部死亡的最低剂量。

（2）半数致死量/致死中量（LD_{50}）：指能引起一群个体 50%死亡所需剂量。

（3）半数致死浓度（LC_{50}）：即能引起一群个体 50%死亡所需的浓度。一般以 mg/m^3 空气和 mg/L 水来表示。

用 LC_{50} 表示外源化学物经呼吸道与机体接触后产生的毒性作用时，是指使一群动物接触化学物一定时间（2～4 小时）后，在一定观察期限内（一般为 14 天）死亡 50%所需浓度。

（4）半数耐受限量/半数存活浓度（TLm）：是指在一定时间内一群水生生物中 50%个体能够耐受的某种环境污染物在水中的浓度，单位为 mg/L。用来表示环境污染物对水生生物的急性毒性。TLm_{48} 表示在一定浓度（mg/L）下，经 48 小时，50%的鱼可以耐受，即有 50%的鱼死亡。如经 96 小时，即 TLm_{96}。

（5）最小致死量：指引起受试群体中个别个体死亡的最低剂量。低于此剂量不能使机体出现死亡。

（6）最大耐受量：指在受试群体中不出现个体死亡的最高剂量。接触此剂量的个体可以出现严重的中毒反应，但不发生死亡。

（7）半数效应剂量（ED_{50}）：指外源化学物引起机体某项生物效应发生 50%改变所需的剂量。例如，以某种酶的活性作为效应指标，整体实验可测得抑制酶活性 50%时的剂量（ED_{50}），体外实验可测得抑制该酶活性 50%时的化学物浓度，称为半数抑制浓度（IC_{50}）。以死亡作为效应指标，ED_{50} 即为 LD_{50}。

（8）最小有作用剂量（MEL）：也称中毒阈剂量或中毒阈值，指外源化学物按一定方式或途径与机体接触时，在一定时间内，使某项灵敏的观察指标开始出现异常变化或机体开始出现损害作用所需的最低剂量。最小有作用浓度则指环境中某种化学物能引起机体开始出现某种损害作用所需的最低浓度。

不同的观察方法对同一观察指标所测到的剂量或浓度结果也会不同。随着科学的发展，新的更灵敏的指标和方法也在不断出现。因此，最小有作用剂量和浓度有一定的相对性。

（9）最大无作用剂量（MNEL）：又称未观察到作用剂量，指外源化学物在一定时间内按一定方式或途径与机体接触后，用目前最为灵敏的方法和观察指标，未能观察到对机体有任何损害作用的最高剂量。对于环境中的外源化学物则称为最大无作用浓度。

最大无作用剂量或浓度是根据慢性或亚慢性毒性试验的结果确定的，是评定外源化学物对机体损害作用的主要依据，是制订每日容许摄入量和最高容许浓度的基础。

（10）安全浓度（SC）：指通过整个生活周期甚至持续数个世代的慢性实验，对受试生物确无影响的毒物浓度。安全浓度可以从慢性试验结果直接求得，也可通过急性试验估计。

6.2.5 毒物的联合作用

（1）协同作用

指联合作用的毒性大于其中各个毒性成分单独作用毒性的总和。也就是说，某一种毒物的存在能够增加其他毒物对生物体的毒性，使混合毒物的毒性增加的作用。产生协同作用的机理相当复杂，不同的毒物之间所产生协同作用的机理也不相同。通常从一种毒物可以促进生物体对另一种毒物成分的吸收加强、降解受阻、排泄迟缓、蓄积增加或产生高毒代谢物等方面加以分析研究。

（2）相加作用

指联合作用的毒性等于其中各毒物成分单独作用毒性的总和。当各毒物成分的化学结构近似、性质相似，互相之间没有影响时，其联合作用往往呈现毒性相加作用，如丙烯腈与乙腈、稻瘟净与乐果等。

（3）独立作用

各毒物对生物体的侵入途径、作用部位、毒性作用机理均不相同，其联合作用中各毒物生物学效应彼此无关，互不影响，即独立作用的毒性低于相加作用，但高于其中单项的毒性，如苯巴比妥与二甲苯。

（4）拮抗作用

指联合作用的毒性小于其中各组分单独作用毒性的总和，即其中某一毒物成分的存在能够减小其他毒物对生物体的毒性，使混合物的毒性降低的作用。毒物之间的拮抗作用机理也相当复杂，不同毒物之间的拮抗作用机理、大小也不同。现在多从某一毒物的存在能够抑制生物体对其他毒物的吸收、加速降解、加速排泄或产生低毒代谢物等方面加以分析研究。如二氯乙烷与乙醇、亚硝酸与氰化物、硒与汞、硒与镉、铁与锰等的拮抗作用。

自机体暴露于某一毒物至其出现毒性，一般要经过三个过程：

（1）毒物被机体吸收入体液后，经分布、代谢转化，并有一定程度的排泄，这一过程对毒物毒作用具有重要影响。其间，毒物或被解毒，转化为无毒或低毒代谢物（非活性代谢物）而陆续排出体外，或被增毒转化为毒性更大的代谢物（活性代谢物）而到达靶器官中的受体，或不被转化直接以原形毒物到达靶器官中的受体靶器官，是毒物首先在机体中达到毒作用临界浓度的器官。受体是靶器官中相应毒物分子的专一性作用部位。受体成分几乎都是蛋白质分子，通常是酶，非酶的受体有鸦片类型受体（神经受体）等。

(2) 毒物或活性代谢产物与其受体进行原发反应，使受体改性，随后引发生物化学效应。如酶活性受到抑制、细胞膜破裂、干扰蛋白质合成、破坏脂肪和糖的代谢、抑制呼吸等。

(3) 引起系列病理生理的继发反应，出现在整体条件下可观察到的毒作用的生理和（或）行为的反应，即致毒症状。对人和动物来说，有机体会出现体温升高或降低，脉搏加快、减慢或不规则，呼吸速率增加或减小，血压升高或降低，中枢神经系统出现幻觉、痉挛、昏迷、动作机能不协调、瘫痪等症状，以及呼吸系统、血液系统、循环系统、消化系统和泌尿系统等方面的症状。对于植物来说，则会出现叶片失绿黄化，乃至枯焦脱落，使生长发育受到阻碍等症状。

6.2.6 常见化学污染物毒性数据查询

化学物质毒性数据库网址：https://www.drugfuture.com/toxic/。该数据库收载约15万个化合物（包括大量化学药物）的有关毒理方面的数据，如急性毒性、长期毒性、遗传毒性、致癌与生殖毒性，以及刺激性数据等，并提供数据来源，可提供大量活性物质毒理学、化学安全性方面的资料。

6.3 污染源调查数据库

污染源是指因生产、生活和其他活动向环境排放污染物或者对环境产生不良影响的场所、设施、装置以及其他污染发生源。需采样分析确定污染物性质和污染范围。

(1) 环境水样采集

对于河面宽 30 m 以上的污染河流，可于左右布设 3 个采样点；河面宽 30 m 以下时，在河面左、右有代表性的位置布点；河宽 10 m 以下时，在河流主流线上布一个点；湖泊、水库水受污染时，按面积大小划成 2 km^2 的方块，各采一个样，同时，在湖泊、水库入口、出口处布点采样。

(2) 土壤样本采集

土壤采集可按污水流经方向采用带状布点法，布点密度自污水入口处起由密渐稀；对于受污农田土壤，则可采用均匀布点法；对于大气污染型土壤，则可以大气污染为中心，采用放射状布点法，布点密度由中心起由稀渐密，在大气污染主导风向下风向适当增加布点数量。土壤样点与分点的布设可采用随机法、对角线法、五点法、“Z”形法、“S”形法、交叉法等，如图 6.1 所示。

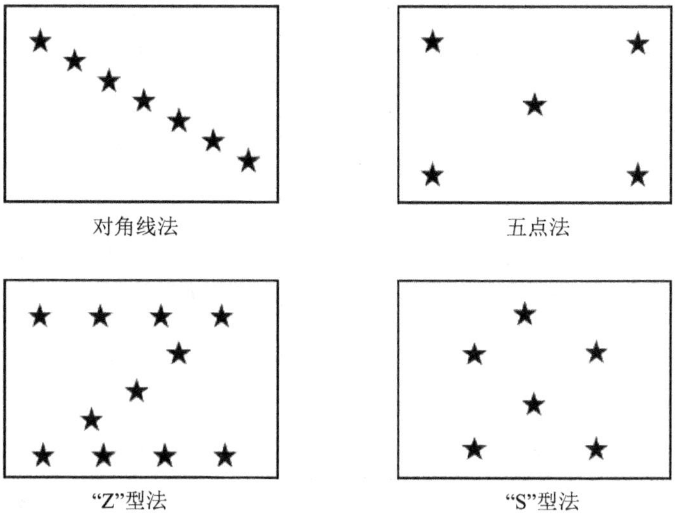

图 6.1　采样布设方法

6.4　化学污染物处置手册

在应急事故或应急监测工作中，难免会产生或应用各种化工原料，而这些化工原料都具有不同程度的毒性、腐蚀性、易燃性等。无论是化工原料还是废弃物，都会产生一定的环境危害，而且对实验人员和事故周边人员会造成一定的身体损害。

针对突发环境污染事件（事故）应急管理工作，2005 年，国务院通过《国家突发环境事件应急预案》，后于 2014 年修订。修订后的预案在多个方面对突发环境事件应急工作进行了总体规定，但预案未对应急废物的去向、最终处置等提出明确规定。

从实际角度出发，做好应急废物处理处置管理工作，尤其是危险化学品环境污染事故应急废物处理处置管理工作，是避免产生二次环境污染危害的关键，同时，也是实现应急废物无害化的重要保障。

针对加强危化品突发环境事故应急废物处理处置管理工作，提供以下几点思路：

一是充分调动社会资源，扩大应急废物处置能力。综合型危险废物处置单位作为危化品突发环境事故应急废物处置定点单位，能够有效应对一般事故应急废物的处置工作。考虑到重特大危化品突发环境事故应急废物处置工作的需要，在构建地方突发环境事故应急体系时，应充分调动当地社会资源，将具有危化品存储资质、各类危险废物经营资质的企业，特别是具有水泥协同处置能力的企业都纳入应急体系中，以实现应急废物存储能力及处置能力的最大化，提高应急废物存储及处置能力。

二是加强技术研发，提高应急废物处置效率。综合型应急废物处置单位可通过与环保主管部门合作，对当地重点风险企业进行统计分析，对历年突发环境事故信息进行分析总结，建立区域重点风险企业信息库、突发环境事件应急技术库，并对当地典型突发环境事件或潜在重大事故风险源加强技术及物资储备；通过与科研单位合作，不断加强技术研发能力，对难以处置的特殊应急废物开展研究，开发适宜的处理技术工艺及处置设备，从而提高应急废物处置效率。

三是强化应急废物处置全过程管理。目前，针对应急废物处置管理的法规尚不完善，建议通过制定应急技术指南、应急废物处置技术指南等技术文件，对应急废物处置的各环节做出技术规定，通过技术指南的执行，强化应急废物处置的全过程管理，从而消除应急废物处置因多环节交替而产生的二次风险。

应急废物处置工作从现场应急废物收集开始，直到废物处理处置及最终排放，这个全过程都需要加强管理。结合实践来看，这个全过程包括准备工作、现场收集、废物运输及处理处置四个阶段，各阶段又涉及多项具体工作。

（1）准备工作

应急废物处置开始前的准备工作至关重要，该阶段工作事项及工作内容见表 6.1。

表 6.1　应急废物处置准备工作

序号	工作事项	工作内容
1	信息获取	详细了解事故信息、现场情况、交通情况、厂内情况等信息
2	人员调配	调配收集人员、运输人员、技术研发及分析测试人员等，并进行必要的培训
3	物资准备	收集设备、运输设备、安全防护设备、通信器材等物资准备
4	生产设施	准备焚烧设施、物化处理设施、存储设施、分析测试设备等
5	工作计划	制定现场收集、运输、存储、处理等工作进度，对相关安全防护等内容制定计划

制定的工作计划应明确现场收集的作业范围、操作程序和方法、应急废物转移交接程序、运输路线和频次、处理排产、操作的安全防护、突发事故应急等具体内容。此外，当发生涉及多种危化品的重特大事故时，现场情况会十分复杂，准备工作中还应包括与应急指挥部、交通运输部门等单位的沟通，明确现场需要优先收集的废物种类及作业区域，以便为现场应急提供更好的工作条件，优先事项也应在工作计划中进行明确。

（2）现场收集

由于事故涉及的危化品种类及污染情况不同，应急废物现场收集工作难度也存在较大差别。以下将以涉及多种化学品的重特大事故为例，对应急废物现场收集工作进行详细说明。

（a）设立警戒区域。由于遭受化学品污染，危险化学品事故产生的应急废物通常具有危险特性，随意接触可能会造成人体伤害，因此，在进行废物现场收集前应设立警戒区域，区域边缘应有明显警示标识，防止无关人员进入，造成伤害。

（b）现场分区，明确编号。根据现场应急废物的形态、受污染程度、危害特性并结合准备阶段获取的相关信息对现场进行区域划分，并对各区域进行编号，编号信息作为废物的原始信息之一，可为后续的废物管理、废物性质分析及处理方法决策提供参考信息。废物受污染情况可通过快速检测技术手段获知。

（c）建立运输条件。在必要的情况下，调取工程机械，对不具备车辆运输条件的区域进行快速道路铺垫，建立运输条件，使收集车辆能够就近作业，以降低收集工作风险，提高收集效率。建立运输条件的过程中应加强人员防护，并根据现场情况选择合适的工程机械设备。

（d）现场收集。收集设备应考虑防火、防爆等要求。现场收集可通过自吸式罐车、吸水泵＋密闭式罐车等设备手段对现场废水及泥浆进行收集；通过挖掘设备对污染土壤及其他固体应急废物进行收集，尽量减少人员与废物直接接触，降低人员暴露风险。不同形态、不同危害特性的应急废物应分别收集，独立包装。

（e）废物包装及标签。应急废物的包装应根据废物的种类、危险特性、物理形态、运输要求等因素进行确定，包装物的材质应与废物相容，且能有效防止废物散落、泄漏。包装完成后，应在显著位置贴上标签，标签内容应包括废物种类、形态、重量、危害特性等信息，如现场存在分区，还应包括分区信息。

（f）现场暂存。当现场收集的废物无法及时转运至处置单位时，可在现场设置暂存点对已收集的应急废物进行集中暂存，暂存场所应配备有必要的防雨防火设施，暂存场所内的应急废物应分类分区存储，不同存储区域间设置挡墙或间隔，暂存液体废物的区域应设置收集槽和缓冲罐。暂存场所周围应有警戒标示，专人看守，废物进出均应有相应记录。

（g）废物装载与转运。现场装卸人员应了解废物的危险特性，并配备适当的防护设备，装卸区域应适宜装载操作且有必要的应急设施，如消防设备、废液收集槽等。废物转运时司机应与收集现场的有关人员完成交接手续，以确保废物去向的可追踪。危化品突发事故应急废物收集工作流程如图 6.2 所示。

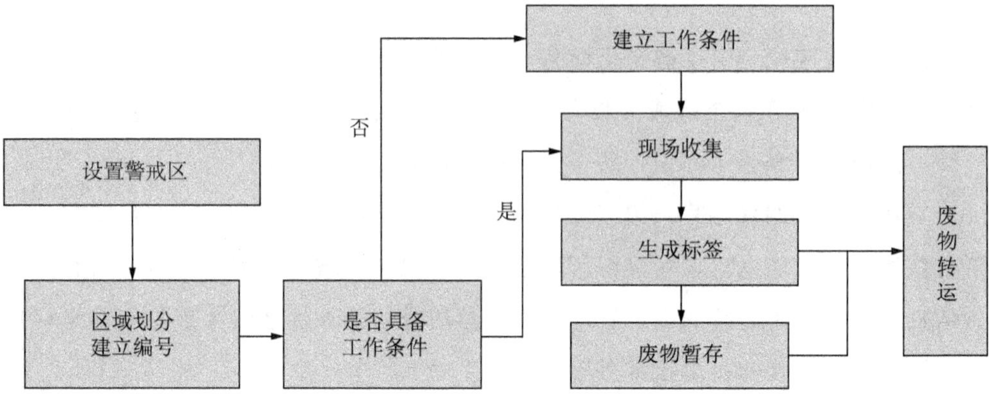

图 6.2　危化品突发环境事故应急废物收集工作流程图

（3）运输管理

应急废物的运输管理是将应急废物从事故发生地安全运至处置场所的关键环节。2016年版《国家危险废物名录》（简称《名录》）豁免清单规定，突发环境事件应急废物经接受地县级以上环境保护主管部门同意，按事发地县级以上地方环境保护主管部门提出的应急处置方案进行转移的，转移过程不按危险废物管理，但由于废物的特殊性，尤其是重特大危化品事故产生的应急废物，社会关注程度高，强化运输管理，既有利于降低运输风险，也有助于消除社会恐慌。

（a）运输路线确定。在制定工作计划时应对事发地至处置场所的交通状况进行充分了解，选择合适的运输路线及备用路线，确定的运输路线应尽量避免环境敏感受体、人群聚集地等特殊区域，以防止转运途中发生事故，产生二次危害。

（b）运输车辆管理。根据应急废物产生量、危害特性、废物形态等信息，确定运输车辆类型，并为运输车辆配备辅助工具、通信器材等必要设备，对司机应进行必要的培训，配发必要的防护用品，有条件的情况下，可编制作业防护及应急措施说明书，配发司机。

（c）转运过程监控。运输车辆应按确定的运输路线行驶，并确保通信器材畅通，使指挥部门可随时了解运输状态；发生意外时，运输人员应及时向处置单位及应急指挥部门汇报。

（d）交接管理。在应急废物收集现场，运输人员与收集人员共同核对转运废物的信息，并做好交接记录；运输车辆到达处置场所后，应与接收人进行转移交接，确保转运废物信息的完整性；交接工作与废物装卸工作相随，需特别注意装卸的安全操作。

（4）处理处置

发生重特大事故时，往往会在短时间内产生大量应急废物，超出处置单位的处理处置能力，因此，应急废物运至处置场所时可能仍要经历暂存、厂内转运、处理及最终排放等多个环节，是一个复杂的系统工程，具体情况如图 6.3 所示。

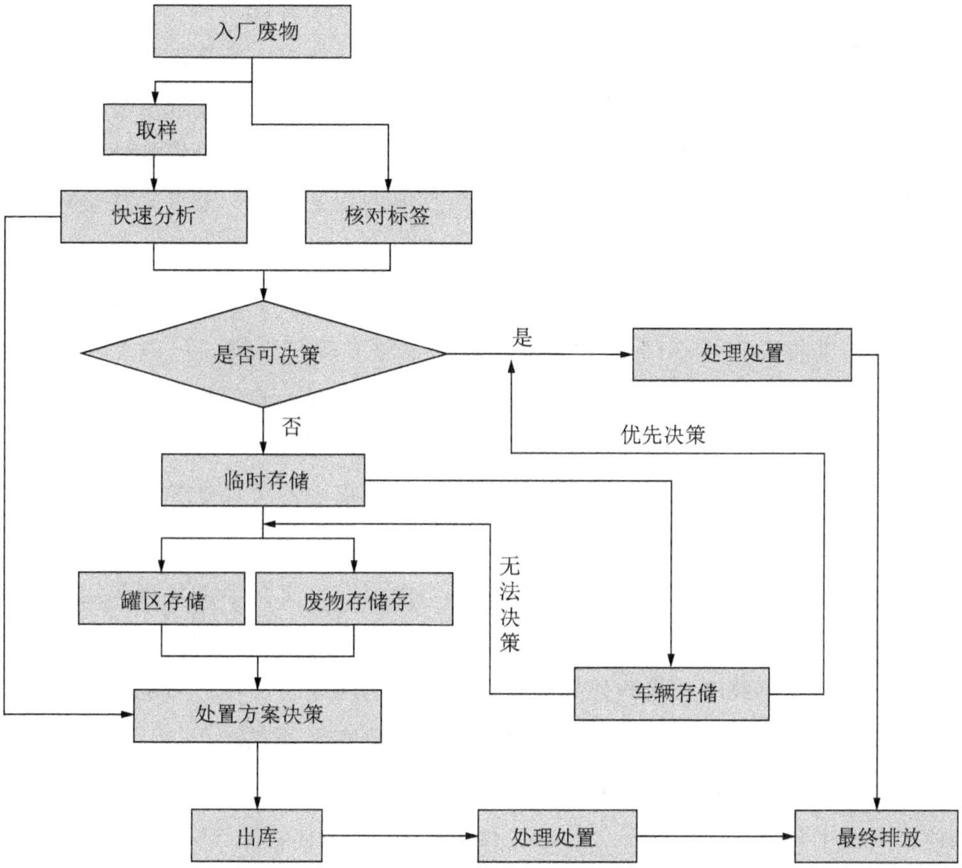

图6.3 处置单位的应急废物管理工作流程

(a) 废物性质的快速分析。在废物入厂交接时及时取样，进行快速分析，结合废物现场收集时提供的标签信息对废物进行处置方案决策，然后，可根据决策结果及设备运行情况考虑运抵废物是进入暂存场所还是直接进入处置环节。

(b) 暂存管理。处置场所应具有较为完善的存储设施，应急废物运抵后应根据其性质、形态及运抵批次分区存放，暂存库应有专人看管，人员交接时应有交接记录，入厂应急废物量对存储能力造成冲击时，可考虑对储罐区存储能力、废物储库包装容器暂存能力及运输车量暂存能力进行优化，合理调配各种暂存能力，并提高处理能力以减小存储压力。

(c) 出库管理。暂存库区中某批次应急废物的处置方案确定后，该批次废物方可由暂存环节送至处理处置环节，运送时应有厂内转运记录，存储部门及处置部门分别更新信息管理系统中该批次废物的状态，确保所有废物时刻处于监管之下。

(d) 处理处置。2016年《名录》规定，应急废物按事发地县级以上地方环境保护主管部门提出的应急处置方案进行处置或利用的，处置或利用过程可不按危险废物进行管理；对于不满足豁免条件的，仍应按照危险废物进行无害化处置。

（e）最终排放。应急废物经处理后应对处理效果进行检测，最终的废水废气排放应满足相关法律法规要求。在危险废物处置场所进行处置的，废水废气排放应分别满足《污水综合排放标准》《危险废物焚烧污染控制标准》的要求；进入安全填埋场的应急废物应满足《危险废物填埋污染控制标准》的要求；采用其他方式处置的，最终排放也应满足相关法规要求。

（f）废物信息管理。应急废物运至处置场所交接时，处置单位应详细核对废物标签信息及废物情况，并将废物详细信息录入厂内信息管理系统，废物在厂内经历的存储、转运、处理处置等环节产生的信息也应一并录入信息管理系统，确保废物信息完整。应急废物处置工作完成后，相关信息仍应按照有关规定，长期保存。

应急废物无害化处置是危化品突发环境事故应急过程中不可或缺的环节，参与应急废物无害化处置的单位，加强对危化品突发环境污染事故应急废物收集、运输、贮存及处理处置的全过程管理，可有效控制因管理或操作不当而引发二次污染的环境风险及人员伤害风险，为实现应急废物的无害化处置提供保障。此外，应急危废处理处置单位应针对我国当前危化品突发环境事故应急废物处理处置普遍存在的问题及所在区域的特殊情况，通过增强技术储备、强化应急设施建设等多种途径增强应急废物处置能力，从而促进当地应对突发环境事件的整体应急能力的提高。

具体可查阅书籍《危险化学品事故应急处置技术》《水体污染事件应急处置技术手册》《突发水污染事件应急处置技术手册》等。

6.5 环境质量监测数据库

环境质量监测数据库包含环境空气、地表水、土壤环境、声环境质量，以及监督性监测与应急监测等数据。截至 2019 年，生态部监测网络实际监测 337 个地级及以上城市的 1 436 个城市环境空气质量监测点位，469 个市（区、县）（含 337 个地级及以上城市和部分县级城市）的约 1 000 个降水监测点位，978 条河流和 112 座湖泊（水库）的 1 931 个地表水水质评价、考核、排名断面（点位），3 366 个地级及以上城市的 902 个集中式生活饮用水水源监测断面（点位），1434 个海水环境质量国控监测点位，448 个日排污水量大于 100 立方米的直排海污染源，31 个省（区、市）的 2 583 个生态质量监测县域，337 个地级及以上城市的约 80 000 个城市声环境监测点位，337 个地级及以上城市的 1 416 个环境电离辐射监测点位和 31 个直辖市和省会城市的 44 个环境电磁辐射监测点位。

其他数据，如 10 168 个国家级地下水监测点水质、永久基本农田面积、海平面、地质灾害、海洋灾害数据由自然资源部提供；污水处理、垃圾处理数据由住房和城乡建设部提供；2 830处浅层地下水监测井水质、水土流失、部分气象灾害内容由水利部提供；内陆渔业水域水质、海洋渔业水域水质、农业面源、耕地质量数据由农业农村部提供。

数据统计与分析中，城市环境空气质量评价依据《环境空气质量标准》（GB3095—2012）、《环境空气质量评价技术规范（试行）》（HJ 663—2013）、《受沙尘天气过程影响城市空气质量评价补充规定》和《关于沙尘天气过程影响扣除有关问题的函》，评价指标为二氧化硫、二氧化氮、可吸入颗粒物、细颗粒物、一氧化碳和臭氧。地表水水质评价依据《地表水环境质量标准》（GB 3838—2002）和《地表水环境质量评价办法（试行）》，评价指标为pH、溶解氧、高锰酸盐指数、化学需氧量、五日生化需氧量、氨氮、总磷、铜、锌、氟化物、硒、砷、汞、镉、铬（六价）、铅、氰化物、挥发酚、石油类、阴离子表面活性剂和硫化物共21项；湖泊（水库）营养状态评价指标为叶绿素a、总磷、总氮、透明度和高锰酸盐指数。地级及以上城市集中式生活饮用水水源水质评价依据《地表水环境质量标准》（GB 3838—2002）和《地下水质量标准》（GB/T 14848—2017）。地下水水质评价依据《地下水质量标准》（GB/T 14848—2017），评价指标为《地下水质量标准》（GB/T 14848—2017）表6.1中除总大肠菌群、细菌总数外的37项常规指标。管辖海域海水水质评价依据《海水质量状况评价技术规程（试行）》和《海水水质标准》（GB 3097—1997），评价指标为无机氮（亚硝酸盐、硝酸盐、氨氮）、活性磷酸盐、石油类、化学需氧量和pH；近岸海域水质评价依据《海水质量状况评价技术规程（试行）》，评价指标为pH、溶解氧、化学需氧量、无机氮、活性磷酸盐、石油类、铜、汞、镉和铅共10项。生态质量评价依据《生态环境状况评价技术规范》（HJ 192—2015）。声环境质量评价依据《声环境质量标准》（GB 3096—2008）和《环境噪声监测技术规范／城市声环境常规监测》（HJ 640—2012）。辐射环境质量评价依据《电离辐射防护与辐射源安全基本标准》（GB 18871—2002）、《电磁环境控制限值》（GB 8702—2014）、《生活饮用水卫生标准》（GB5749—2006）和《海水水质标准》（GB 3097—1997）。数值修约依据《数值修约规则与极限数值的表示和判定》（GB/T 8170—2008）。

数据来源可通过生态环境部官网（http://www.mee.gov.cn/）、中国环境监测总站（http://www.cnemc.cn/）的发布平台、数据服务获取。还可以通过每月、每年环境质量月报、公报获取。

数据下载网站有：

（1）生态环境部：http://www.mee.gov.cn/。可通过生态环境部官网下载所需要的年报、月报以及公报。

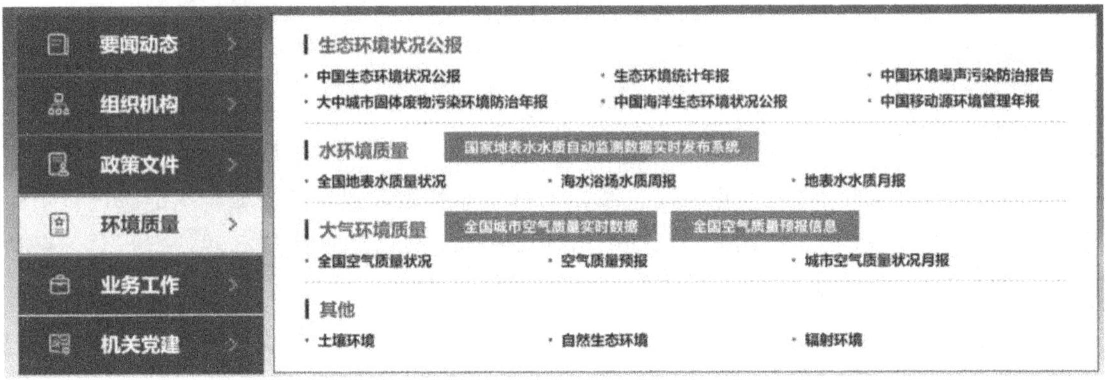

图 6.4 生态环境部官网

（2）中国环境监测总站：http://www.cnemc.cn/。

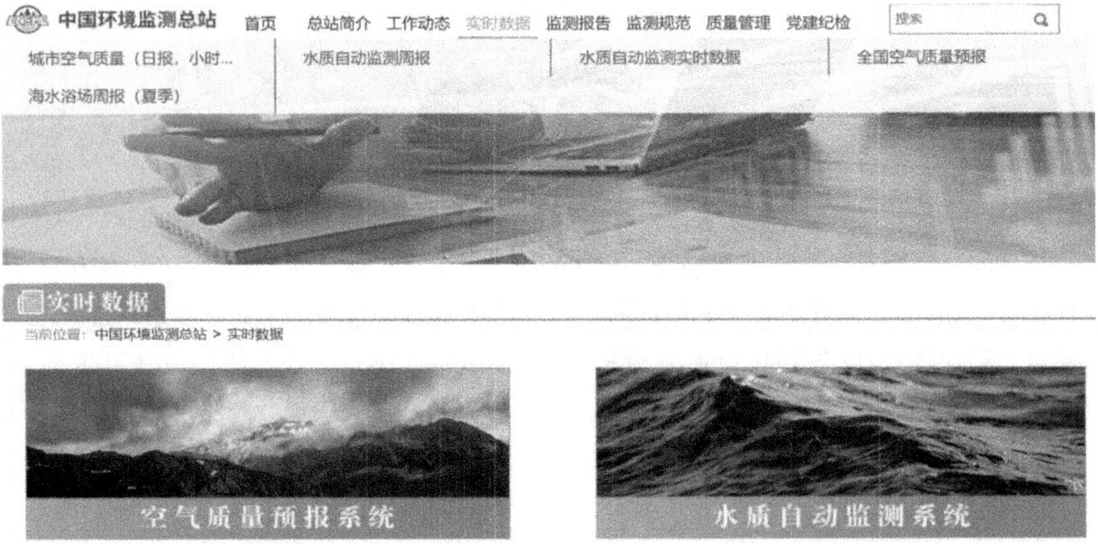

图 6.5 中国环境监测总站

（3）全国城市空气质量实时发布平台：http://106.37.208.233:20035/。

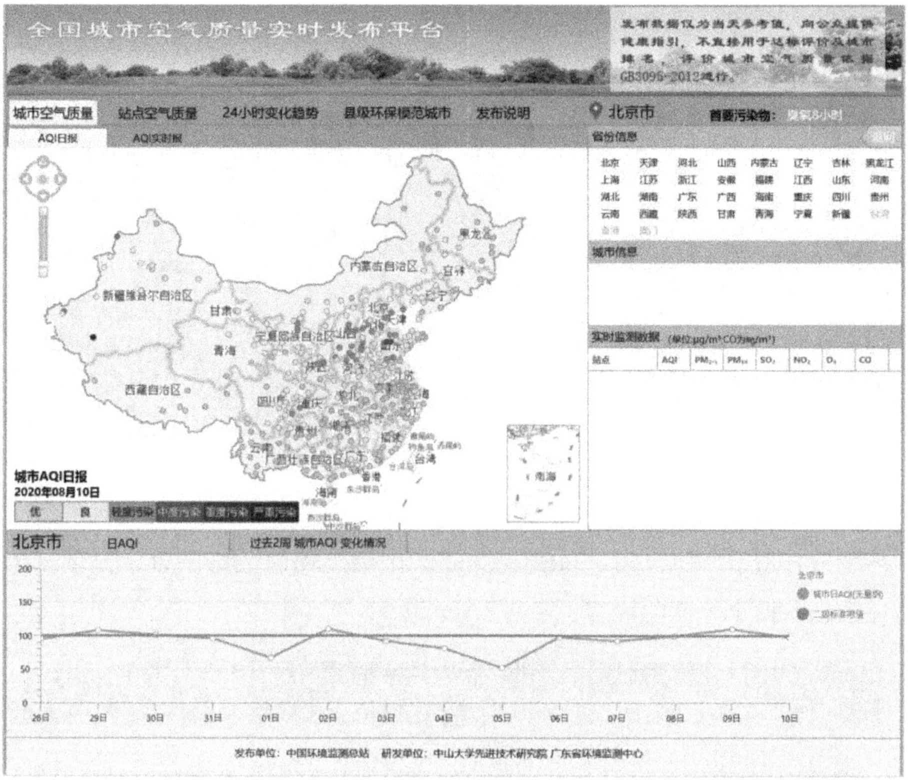

图 6.6　全国城市空气质量实时发布平台

（4）环境专业知识服务系统：http://envi.ckcest.cn/environment。

图 6.7　环境专业知识服务系统

（5）真气网：https://www.zq12369.com/。

图 6.8　真气网

（6）环境云：http://www.envicloud.cn/。比较全面的数据平台，提供气象、环境、灾害、地理数据共四个方面的内容。

图 6.9　环境云

（7）数据服务：http://www.ipe.org.cn/。IPE（Institute of Public and Environmental Affairs，公众环境研究中心）环境服务平台，数据全面，同时运营“蔚蓝地图”App。该平台的特色是，在分享数据之余，还出具相关报告。

图 6.10　IPE 环境服务平台

（8）青悦开放环境数据中心：http://data.epmap.org/。

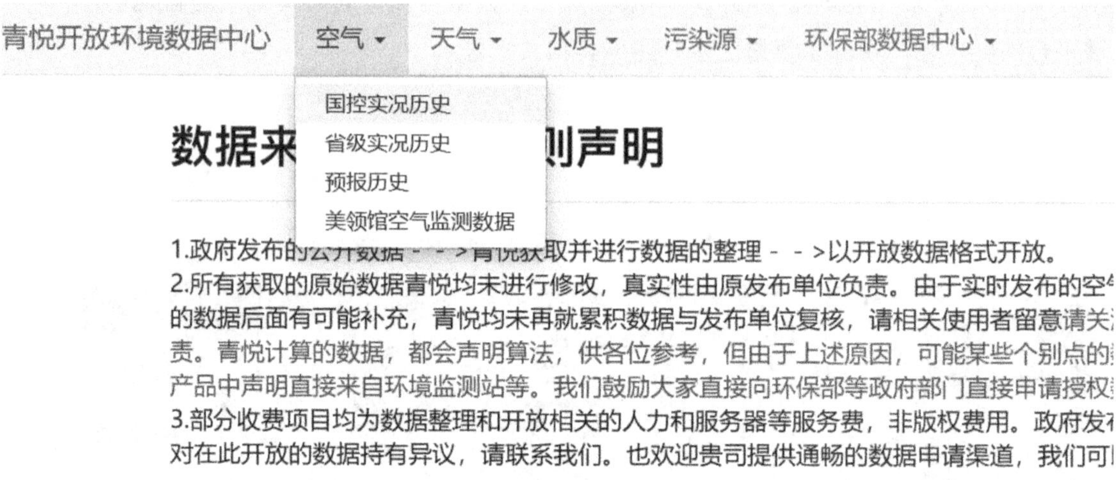

图 6.11　青悦开放环境数据中心

6.6　水文、气象数据库

6.6.1　水文观测

目前，全国基本水文站共有 3 210 处，专用水文站共有 4 435 处，水位站共有 15 294 处，雨量站共有 53 908 处，蒸发站共有 12 处，地下水站共有 26 020 处，地表水水质站共有 12 712 处，墒情站共有 3 961 处。

可通过水利部、各地方水利厅局发布的公报、年报、月报中获取相关数据。

数据获取途径：

（1）水利部：http://www.mwr.gov.cn/。在官方网站数据→统计公报中获取水文水利等报告。如图 6.12 所示。

图 6.12　水利部官网

(2) 国家冰川冻土沙漠科学数据中心，国家特殊环境、特殊功能观测研究台站共享服务平台（http://www.crensed.ac.cn/）。如图 6.13 所示。

图 6.13　国家冰川冻土沙漠科学数据中心，国家特殊环境、特殊功能观测研究台站共享服务平台

6.6.2 气象观测数据库

气象观测数据是天气预报的基础，主要包括温度、湿度、气压、风向、风速、降水、日照、蒸发、辐射、能见度、地温等，数据以分钟级观测并记录。

气象观测数据以及相关报告，可通过以下网站获取。

国内：

国家气象科学数据中心：https://data.cma.cn/

地理空间数据云：http://www.gscloud.cn/

遥感集市：http://www.rscloudmart.com/

国家综合地球观测数据共享平台：http://www.chinageoss.org/dsp/home/index.jsp

中国科学院科学数据库：http://www.loess.csdb.cn

地面站 RS 地图查询：cshomemain

中国气象科学数据：http://cdc.cma.gov.cn/

中科院资源环境科学数据中心：http://www.resdc.cn/

寒区旱区科学数据中心：http://westdc.westgis.ac.cn/

遥感数据共享 ：http://ids.ceode.ac.cn/

国外：

Earth & Environment：www.bu.edu/earth/

Global Crop Production Analysis：www.pecad.fas.usda.gov/

MODIS Website：MODIS Web

Climate and Vegetation Research Group：Welcome to the Climate and Vegetation Research Group,Boston University

Global Crop Production Analysis：Global Crop Production Analysis

VEGETATION：http://www.vgt.vito.be/

GPCP：http://precip.gsfc.nasa.gov/

Socioeconomic Data and Applications Center：Socioeconomic Data and Applications Center

National Climatic Data Center：National Centers for Environmental Information (NCEI) formerly known as National Climatic Data Center (NCDC)

Numerical Terradynamic Simulation Group：Welcome | Numerical Terradynamic Simulation Group

United States Geological Survey：http://edcdaac.usgs.gov

6.7　其他数据库

国家统计局和各地市级统计局官方网站均有统计年鉴，环境和气象方面包含平均气温、相对湿度、城市降水量、日照时数、废水中主要污染物排放情况、废气中主要污染物排放情况、固体废物处理利用情况、城市空气质量情况、生活垃圾清运和处理情况、城市道路交通噪声监测情况、突发环境事件情况、工业污染治理投资完成情况、环境污染治理投资等。其次还有煤炭平衡表、电离平衡表等。

数据获取：

（1）国家统计局：http://www.stats.gov.cn/tjsj/。如图 6.14 所示。

图 6.14　国家统计局官网

国家统计局的 National data 国家数据库：http://data.stats.gov.cn/。如图 6.15 所示。

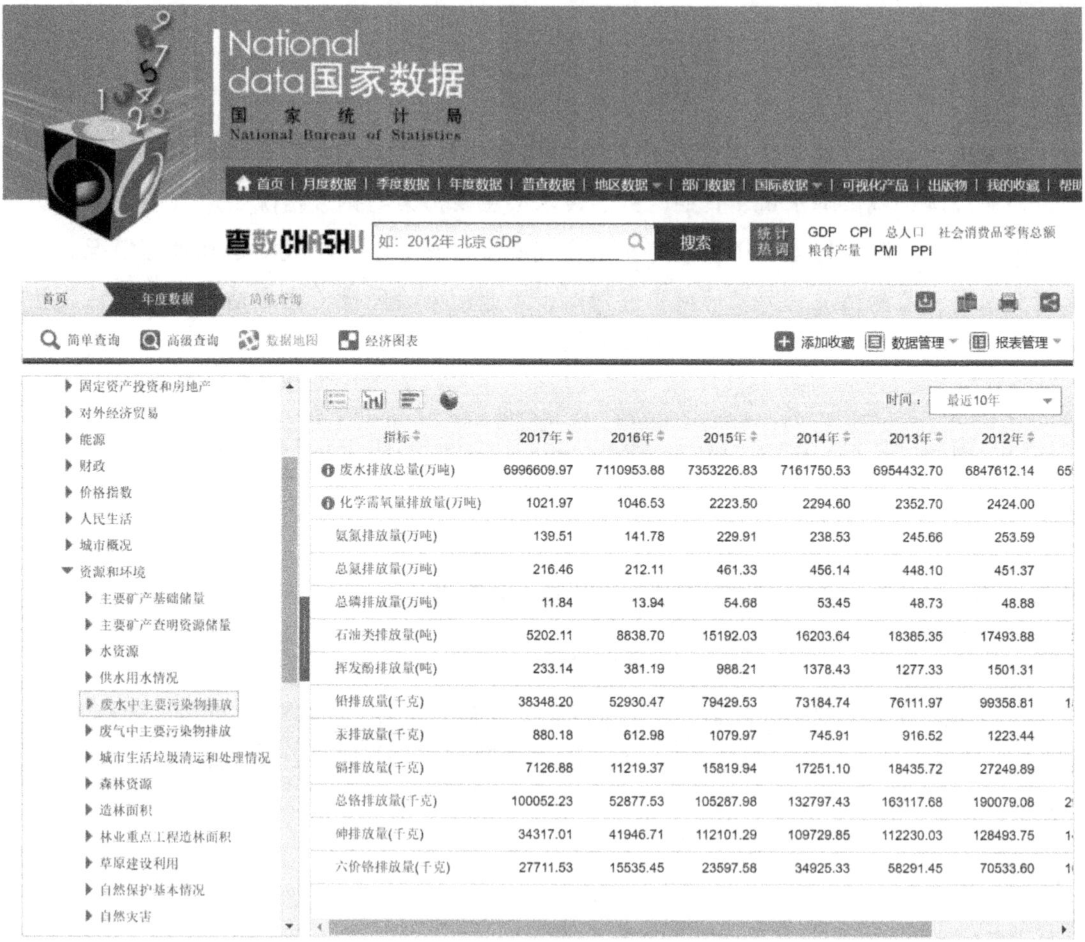

指标	2017年	2016年	2015年	2014年	2013年	2012年
废水排放总量(万吨)	6996609.97	7110953.88	7353226.83	7161750.53	6954432.70	6847612.14
化学需氧量排放量(万吨)	1021.97	1046.53	2223.50	2294.60	2352.70	2424.00
氨氮排放量(万吨)	139.51	141.78	229.91	238.53	245.66	253.59
总氮排放量(万吨)	216.46	212.11	461.33	456.14	448.10	451.37
总磷排放量(万吨)	11.84	13.94	54.68	53.45	48.73	48.88
石油类排放量(吨)	5202.11	8838.70	15192.03	16203.64	18385.35	17493.88
挥发酚排放量(吨)	233.14	381.19	988.21	1378.43	1277.33	1501.31
铅排放量(千克)	38348.20	52930.47	79429.53	73184.74	76111.97	99358.81
汞排放量(千克)	880.18	612.98	1079.97	745.91	916.52	1223.44
镉排放量(千克)	7126.88	11219.37	15819.94	17251.10	18435.72	27249.89
总铬排放量(千克)	100052.23	52877.53	105287.98	132797.43	163117.68	190079.08
砷排放量(千克)	34317.01	41946.71	112101.29	109729.85	112230.03	128493.75
六价铬排放量(千克)	27711.53	15535.45	23597.58	34925.33	58291.45	70533.60

图 6.15 国家统计局的 National data 国家数据库

参考文献

［1］HJ 589—2010．突发环境事件应急监测技术规范［S］．

［2］国家突发环境事件应急预案．国办函〔2014〕119 号．

［3］张领国．南四湖水环境安全应急体系及关键技术研究［D］．济南：山东建筑大学，2014．

［4］赵起越，白俊松．国内外环境应急监测技术现状及发展［J］．安全与环境工程，2006，13（3）：13-16．

［5］郑晓红，李骏，汤靖路，等．国内外环境应急监测体系现状以及对上海市环境应急监测体系优化构建的启示［J］．仪器仪表与分析监测，2016（3）：27-33．

［6］史晓云，邹志芬，张代荣，等．环境应急监测技术发展现状与建议研究［J］．化工管理，2017（12）：158-160．

［7］焦健，王宇龙，陈子坤．无人机遥感技术在环境监测中的优势与应用［J］．学术争鸣，2018：264-266．

［8］曲茉莉，王强，邢洁，等．新型应急技术在突发环境污染中的应用［J］．科技创新导报，2015，14：93-94．

［9］徐从武．激光雷达技术在环境监测中的应用［J］．大陆桥视野，2017，24：118-119．

［10］水质 游离氯和总氯的测定 N，N-二乙基-1，4-苯二胺分光光度法：HJ 586-2010［S］．

［11］《水质 游离氯和总氯的测定 N，N-二乙基-1，4-苯二胺分光光度法》编制说明：HJ 586-2010［S］．

［12］中国环境监测总站．应急监测技术［M］．北京：中国环境出版集团，2013．

［13］宁波市环境监测中心．快速检测技术及在环境污染与应急事故监测中的应用［M］．北京：中国环境科学出版社，2011．

［14］徐广华．环境应急监测技术与实用［M］．北京：中国环境科学出版社，2012.

［15］马骁，连萍．加强环境污染事故的应急监测［J］．内蒙古环境保护，2005（2）：34-36.

［16］傅晓钦，胡迪峰，翁燕波，等．突发性环境污染事故应急监测研究进展［J］．中国环境监测，2012，28（1）：107-109.

［17］张嘉宏．化工园区突发环境事件应急监测预案编制研究［J］．环境与发展，2019（07）：157-158.

［18］蔡凌，赵林．危险化学品环境污染事故应急废物处理处置及全过程管理［J］．环境保护，2017，45（08）：66-69.

［19］国务院办公厅．国家危险废物名录（2016）．2016-06-14.

［20］中华人民共和国生态环境部．2019年中国生态环境状况公报.

［21］刘喜，施玉格．便携式气相色谱-质谱联用仪应急现场测定空气中54种VOCs［J］．干旱环境监测，2016，30（04）：155-161，174.

附　录

附录 1　采样及样品流转原始记录

附表 1.1　地表水采样原始记录表

任务名称：　　　　　　　　　　　　　方法依据：

任务编号：　　　　　　　　　　　　　采样日期：　　　　　　　　　天气：

断面或采样点	采样编号	采样时间	样品份数	水深/m	流速/(m/s)	流量/(m^3/s)	现场监测记录									分析项目	样品现场处理情况
							水颜色	水气味	水面油膜	漂浮物	水温/℃	透明度/cm	pH	DO/(mg/L)	电导率/(μS/cm)		
备　注	DO 仪型号及编号： pH 计型号及编号： 电导率仪型号及编号：												DO 测定方法依据： pH 测定方法依据： 电导率测定方法依据：				

采样：　　　　　　　　　　　　　记录：　　　　　　　　　　　　　校核 ：

第　页共　页

附表 1.2　污染源废水采样原始记录表

任务名称：　　　　方法依据：　　　　天气：

任务编号：　　　　采样日期：　　　　采样方式：瞬时□　　连续□

采样点	样品编号	采样时间	样品份数	现场监测记录								分析项目	样品现场处理情况	工况
				测流方法	流速/(m/s)	截面积/m^2	流量	颜色	气味	浮油	pH			
备　注		流量计型号及编号： pH 计型号及编号：												

采样：　　　　记录：　　　　校核 ：

第　页共　页

附表 1.3　土壤采样原始记录表

任务名称：　　　　方法依据：　　　　采样日期：

任务编号：　　　　采样工具：　　　　天气：

采样点名称	采样点坐标		采样深度/m	采样点编号	样品编号	采样时间	土表植被及耕作情况	采样方式	土壤性状		采样重量/kg	分析项目	备注
	经度	纬度							颜色	类型			
备　注													

采样：　　　　记录：　　　　校核：

第　页共　页

附表 1.4　环境空气采样原始记录表

正面

项目名称：　　　任务编号：　　　采样点名称：　　　采样日期：

采样器型号、名称：　　　采样器编号：　　　天气状况：

监测项目	样品编号	采样时间		环境气温/℃	环境气压/kPa	相对湿度/%	风向（度）	风速/（m/s）	累积采样时间/min	采样流量/（L/min）	实况采样体积/L	参考状态体积/L	污染物浓度/（mg/m^3）	方法依据	备注
		起始时间	终止时间												
周围环境情况															
样品现场处理情况															
备注	颗粒物只需填写实况采样体积，气态污染物需填写实况及参考状态体积														

采样：　　　记录：　　　校核：

第　　页共　　页

附表 1.5 环境空气采样原始记录表

反面

采样点位示意图：

附表 1.6 固定污染源排气中污染物采样原始记录表

正面

项目名称：　　任务编号：　　污染物名称：

仪器型号：　　仪器编号：　　采样日期：　环境温度：　℃　大气压：　kPa

方法依据：　　引风机型号：　　引风机额定风量：

污染源基本情况	样品(或滤筒)编号	监测项目	含氧量/%	实际空气过剩系数 α	实测浓度/(mg/m³)	换算浓度/(mg/m³)	烟气流速/(m/s)	排气温度/℃	标干采气体积/(nd/L)	实际烟气流量/(m³/h)	标干烟气流量/(m³/h)
被监测设备名称及型号：											
排气筒高度：											
排气筒材质：											
排气筒断面尺寸：											
排气筒壁厚：											
采样断面位置：											
断面采样点数：											
标准空气过剩系数：											
标准气体校准情况											
备注	燃料种类：		燃料设计消耗量：			燃料实际消耗量：			生产负荷：		

采样：　　记录：　　校核：　　审核：

第　　页共　　页

附表 1.7　固定污染源排气中污染物采样原始记录表

反面

采样点位示意图：

附表 1.8　固体样品采样原始记录表

项目名称：　　　　任务编号：　　　　项目地址：

监测类别：　　　　方法依据：　　　　天气状况：

样品编号	样品类别	采样点位	采样布点方法	采样时间	采样工况	备注
样品处理情况						

采样：　　　　记录：　　　　校核：

第　页共　页

附表 1.9　地下水采样原始记录表

任务名称：　　　　方法依据：

任务编号：　　　　采样日期：　　　　天气：

监测井名称	采样编号	采样时间	样品份数	采样深度	水量/(m^3/s)	现场监测记录							分析项目	样品现场处理情况
						水位/m	水颜色	肉眼可见物	水温/℃	臭和味	pH	电导率/(μS/cm)		
备　注		DO 仪型号及编号： pH 计型号及编号： 电导率仪型号及编号：					DO 测定方法依据： pH 测定方法依据： 电导率测定方法依据：							

采样：　　　　记录：　　　　校核 ：

第　　页共　　页

附表 1.10 样品交接任务单

任务名称： 任务编号：

项目负责人： 采样日期：

<table>
<tr><td colspan="3">送检单位：</td><td colspan="4">送样人：</td></tr>
<tr><td colspan="3">送样日期：</td><td colspan="4">要求数据上报日期：</td></tr>
<tr><td>样品原编号</td><td>密码编号</td><td>样品类型</td><td>检测项目</td><td>是否加固定剂</td><td>是否留样</td><td>备注</td></tr>
<tr><td></td><td>YP-201</td><td></td><td></td><td></td><td></td><td></td></tr>
<tr><td></td><td>YP-201</td><td></td><td></td><td></td><td></td><td></td></tr>
<tr><td></td><td>YP-201</td><td></td><td></td><td></td><td></td><td></td></tr>
<tr><td></td><td>YP-201</td><td></td><td></td><td></td><td></td><td></td></tr>
<tr><td></td><td>YP-201</td><td></td><td></td><td></td><td></td><td></td></tr>
<tr><td></td><td>YP-201</td><td></td><td></td><td></td><td></td><td></td></tr>
<tr><td></td><td>YP-201</td><td></td><td></td><td></td><td></td><td></td></tr>
<tr><td></td><td>YP-201</td><td></td><td></td><td></td><td></td><td></td></tr>
<tr><td></td><td>YP-201</td><td></td><td></td><td></td><td></td><td></td></tr>
<tr><td>共计</td><td colspan="6"></td></tr>
</table>

<table>
<tr><td rowspan="2">状态及外观描述</td><td rowspan="2">标识</td><td>完整□</td><td rowspan="2">样品体积或数量</td><td>满足检测要求□</td><td rowspan="2">外观</td><td>无破损及沾污□</td></tr>
<tr><td>不完整□</td><td>不满足检测要求□</td><td>有破损或沾污□</td></tr>
<tr><td colspan="7">接样人：日期：</td></tr>
</table>

样品类型：①废水 ②地表水 ③地下水 ④废气 ⑤环境空气 ⑥土壤 ⑦生物 ⑧固废

第 页 共 页

附录 2　快速分析原始记录

附表 2.1　便携式仪器分析原始记录表(PDV6000)

任务名称：　　　　　　　　　　样品类型：　　　　　　　　　　分析日期：

序号	样品编号	取样量 (　)	电解液量 (　　)	峰高□　峰面积□				测定值 (　　)	样品结果 (　　　)
				铜	铅	锌	镉		

分析：　　　　　　　　　　校核：　　　　　　　　　　审核：

第　页共　页

附表 2.2 便携式仪器分析原始记录表(RA-915)

任务名称：　　　　样品类型：　　　　分析日期：

开始时间：					完成时间：			标 准 曲 线		
序号	样品编号	取样量 (　　)	还原液量 (　　)	积分面积 (　　)	测定值 (　　)	样品结果 (　　)	备注	标样编号	浓 度 (　　)	积分面积 (　　)
								标 1		
								标 2		
								标 3		
								标 4		
								标 5		
								标 6		
								$r=$	$a=$	$b=$
								$y=$		
								标准使用溶液浓度：		
								备注：		

分析：　　　　校核：　　　　审核：

第　页共　页

附表 2.3　便携式气相色谱-质谱(GC-MS)分析原始记录表

任务名称：　　　　样品类型：　　　　仪器型号：　　　　分析日期：

探头□/顶空□温度：　　℃　　　　扫描方式：

序号	样品编号	分析项目	取样量 (　　)	定容体积 (　　)	峰高□　峰面积□ (　　)	测定值 (　　)	样品结果 (　　)	备注

分析：　　　　校核：　　　　审核：

第　页共　页

附表 2.4　便携式仪器分析原始记录表(通用)

任务名称：　　　　样品类型：　　　　仪器型号：　　　　分析日期：

序号	样品编号	取样量 (　　)	定容体积 (　　)	开始时间	完成时间	测定值 (　　)	样品结果 (　　)	环境标准 (　　)	超标倍数	备　注

分析：　　　　校核：　　　　审核：

第　页　共　页

附表 2.5 发光细菌生物毒性仪分析原始记录表

任务名称：　　　　样品类型：　　　　仪器型号：　　　　分析日期：

试验温度：________℃　　　　细菌复苏培养时间：________ min

序号	样品编号	无机毒性		有机毒性		备注
		培养________小时后光强度(RLU)	活性/%	培养________小时后光强度(RLU)	活性/%	
	阴性对照(NC)					
	阳性对照(PC)					

分析：　　　　校核：　　　　审核：

第 页 共 页

附录3 应急监测方案

应急监测方案（样板）

＊＊年＊＊月＊日上午＊＊时＊＊分左右，＊＊市＊＊县（区）＊＊化工厂区发生＊＊环境突发事件。＊＊监测中心立即成立应急监测指挥中心，并出动应急监测队伍赶赴现场进行监测。现制定初步监测方案如下：

一、监测项目

根据现场初步调查情况，确定监测项目：＊＊。

同时监测现场参数：风向、风速（流量、pH）。

二、点位布设

根据事故现场地形和流速（风向、风速）等情况，在＊＊布设监测点进行采样，布点情况如下：

包含：对照断面（点）、监测断面（点）、消减断面（点），在距事故发生地最近的居民住宅区或其他敏感区域应布点采样。

三、监测频次

每间隔＊＊＊＊进行一次监测。

四、结果报送

监测数据出来后立即以传真和邮件的方式同时报送应急指挥中心。

传真：

联系电话：

邮箱：

＊＊环境应急监测指挥中心

＊＊年＊＊月＊＊日＊＊时＊＊分

附图　现场监测点位示意图

附录 4　应急监测快报

应急监测快报（样板）

第＊期

＊＊年＊＊月＊日上午＊＊时＊＊分左右，＊＊市＊＊县（区）＊＊发生＊＊环境突发事件。＊＊监测中心立即成立应急监测指挥中心，并出动应急监测队伍赶赴现场进行监测。初步监测结果如下：

附表 4.1　×月×日监测结果

项目 监测点位	监测时间	污染物浓度（单位）	标准限值（单位）	超标倍数

标准依据：××××标准

监测结果评价：

＊＊环境应急监测指挥中心

＊＊年＊＊月＊＊日

附录5　应急监测报告

应急监测报告

第 * 期

（加盖检验检测专用章）

监测报告说明

1. 本报告无本站检验检测专用章、骑缝章、计量认证章无效。
2. 报告内容需填写齐全、清楚，涂改无效，无审核签发者签字无效。
3. 由委托单位自行采集的样品，仅对送检样品分析数据负责，不对样品来源负责。
4. 本报告不得用于广告宣传。
5. 复制本报告中的部分内容无效。
6. 仅对本次监测数据负责。

1. 任务来源

＊＊＊＊年＊＊月＊＊日至＊＊月＊＊日，＊＊应急监测指挥中心对＊＊环境突发事件开展应急监测。

2. 监测内容

监测内容见附表5.1。

附表5.1 监测工作内容

点位名称	监测类别	监测项目	监测频次	备注

3. 评价标准

评价标准见附表5.2。

附表5.2 评价标准 单位：

点位名称	监测因子	评价标准	标准限值	备注

4. 监测分析方法及质量保证

4.1 监测分析方法

监测分析方法见附表5.3。

附表5.3 监测分析方法

序号	项目	分析方法	方法来源	方法检出限	仪器型号	仪器编号

4.2 质量控制

为保证监测数据准确可靠，在样品采集、保存、实验室分析和数据计算的全过程均按照环境监测质量保证相关要求进行。

(1) 采取现场平行样、空白样等质控措施；

(2) 所用仪器均经检定校准；

（3）监测人员均持证上岗；

（4）监测报告严格执行三级审核制度。

5. 监测结果

监测结果见附表 5.4。

附表 5.4 监测结果及评价情况表 单位：

序号	监测点位	监测时间	样品类型	监测项目	监测结果	标准限值	是否达标	超标倍数

上述监测结果表明：

6. 监测点位示意图

报告编制： 审 核： 签 发：

日 期： 日 期： 日 期：

附录6　应急监测预案

＊＊省生态环境监测中心
突发环境事件应急监测预案

（＊＊＊＊年版）

一、编制目的

为提高我中心对突发环境事件的应急监测能力，明确各室（科）在应急状态下的职责，建立规范有序的应急监测体系和工作网络，确保对突发环境事件应急监测快速反应，为应急处置提供科学的技术支撑，以减少对环境的污染和生态的破坏，特制定本预案并持续修订。

二、编制依据

1.《中华人民共和国环境保护法》（2014年修订）

2.《国家突发环境事件应急预案》（国办函〔2014〕119号，2014年12月29日）

3.《国务院有关部门和单位制定和修订突发公共事件应急预案框架指南》（国办函〔2004〕33号）

4.《突发环境事件应急监测技术规范》（HJ 589—2010）

5.《＊＊＊＊省突发环境事件应急预案》（＊＊＊＊人民政府，＊＊＊＊年）

三、适用范围

本预案适用于本省行政区域内发生的人为、意外或不可抗拒的自然因素造成的废气、废水、固体废弃物（包括危险废弃物）、危险化学品（包括有毒化学品）等方面突发环境事件的应急监测工作，也适用于根据＊＊＊＊生态环境厅的要求，启动＊＊＊省生态环境监测中心（以下简称“省中心”）应急监测预案的应急监测工作。

四、工作原则

1. 属地为主，分级响应。坚持属地管理原则，充分发挥市（州）环境监测中心的主导作用，并形成以省中心为技术支援、市和县级站协助完成现场调查、采样、送样等辅助工作的应急监测体系。

2. 充分准备，反应迅速。坚持平战结合，即平时做好人力、财力、物力等方面的充分准备，对应急监测预案进行充分的培训、演习和演练，确保在污染事件发生后，迅速进入应急监测工作状态。

3. 以人为本，确保安全。现场监测人员在监测过程中要注意安全，进入可能存在有毒有害污染现场的监测人员必须按规定佩戴防护用具。

4. 专家指导，科学应对。采用先进的环境监测技术、设施和装备，充分发挥专家队伍的作用，提高应急监测的科技水平，为应急处置提供强有力的技术支撑。

五、组织机构与职责

（一）常态下的组织机构与职责

省中心成立应急监测领导小组，领导小组下设应急监测办公室，设在污染源监测室。

1. 领导小组及职责

组　长：＊＊＊＊

副组长：＊＊＊＊

成　员：＊＊＊＊＊＊＊＊

职责：

（1）审定省中心应急监测预案、年度工作计划和总结。

（2）负责组建省中心内部的应急监测网络。

（3）指导全省市（州）、县（市、区）环境监测部门开展应急监测工作。

（4）根据上级要求，组织参与跨省界的应急监测工作。

2. 应急监测办公室

应急监测办公室，负责应急监测日常管理工作。

主　任：＊＊＊＊

副主任：＊＊＊＊

成　员：＊＊＊＊＊＊＊＊

职责：

（1）编制省中心突发环境事件应急监测预案，并组织应急监测培训、演习和应急监测技术研究等工作。

（2）编制年度工作计划和年度工作总结，督促和检查相关部门的应急监测工作实施情况。

（3）负责日常值班工作、应急监测工作会商及外部联络等工作。

（4）建立健全应急监测专家库。

（5）指导市（州）开展环境应急监测工作。

（二）应急状态下的组织机构及职责

根据突发环境事件的情况及＊＊＊省生态环境厅的要求，省中心应急监测响应分为Ⅰ类响应和Ⅱ类响应。Ⅰ类响应是指全中心参与的应急监测，并派员指导、参与现场监测等相关工作；Ⅱ类响应是指现场监测工作主要由市（州）、县（市、区）监测中心承担，省中心协助＊＊省环境应急与事故调查中心对当地的应急监测工作提出指导意见，并完成监测数据收集、整理、分析等相关工作。

1. Ⅰ类响应

省中心应急监测领导小组转为省中心应急监测指挥中心，领导小组组长任总指挥，副组长任副总指挥，同时成立六个应急监测工作组，其主要负责人员联系方式详见附件1。

（1）综合技术组

组　长：＊＊＊＊

副组长：＊＊＊＊

成　员：＊＊＊＊＊＊＊＊

职责：

①协调应急监测工作组之间的关系，督促其按时完成指挥中心布置的各项任务。

②及时收集整理与此次突发环境事件有关的历史资料和污染物的毒性毒理资料。

③与市（州）中心、现场监测组进行联络，了解现场情况，协调跨区域突发环境事件的应急监测工作。

④组织制定省中心应急监测方案，经技术专家组评议和指挥中心审定后上报省厅。及时收集市（州）中心应急监测方案，审核并指导市（州）中心进行监测。

⑤整理监测数据，编制应急监测快报，经指挥中心审定后上报相关领导和部门。

⑥负责工作日志记录，应急监测工作总结和应急监测资料存档。

（2）现场监测组

组　长：＊＊＊＊

副组长：＊＊＊＊

成　员：由＊＊＊＊＊＊＊＊＊和事发地监测站人员组成。

职责：第一时间赶赴现场开展工作，并完成以下工作内容：

①应急预案启动后，在最短时间内做好现场应急监测准备工作，并按指令赶赴现场。

②搜集与污染事件有关的监测资料和信息，修订应急监测方案，并报送应急监测指挥中心。

③依据监测方案，组织实施应急监测布点、采样，就近送样分析，对具备现场分析能力的指标要立即进行现场快速分析，并按要求提交数据。

④结合现场情况，初步判断污染物的种类、浓度、范围及可能产生的危害，进一步调

整应急监测方案，并开展相应工作。

⑤应急监测终止后，上交本组此次应急监测工作总结报告。

（3）分析技术组

组　长：＊＊＊＊

副组长：＊＊＊＊

成　员：由省中心分析技术中心和事发地监测站人员组成。

职责：

①根据应急监测工作的要求，及时进行实验室样品分析，并按要求出具监测数据或编写分析结果报告。

②承担相关仪器的日常维护，保证仪器、试剂随时可以用于应急监测。

③应急监测终止后，上交本组此次应急监测工作总结报告。

（4）质量控制组

组　长：＊＊＊＊

副组长：＊＊＊＊

成　员：由省中心质量管理中心和事发地监测站人员组成。

职责：

①负责组织实施在现场及实验室内开展应急监测的全过程质量控制工作。

②制订质量控制方案，对质量控制结果进行评价。

③应急监测终止后，上交本组此次应急监测质量控制工作总结。

（5）后勤保障组

组　长：＊＊＊＊

副组长：＊＊＊＊

成　员：由办公室和事发地监测站人员组成。

职责：

①负责应急监测期间的车辆安排，确保应急监测期间交通的及时和便利。

②负责应急监测现场技术人员和站内值班人员的食物、休息场所安排等后勤保障工作。

③负责省站应急监测指挥中心各设备的日常维护工作。

④应急监测终止后，上交本组此次应急监测工作总结报告。

（6）技术专家组

组　长：＊＊＊＊

副组长：＊＊＊＊

成　员：从专家库中抽取，涵盖环境科学、环境监测、环境生态、环境医学、水文、水利、供水、化工等多学科。

职责：

①对制订的突发环境污染事件应急监测方案提出建议并对其可行性进行评估。

②协助领导小组对事件性质、涉及范围、危害程度等进行判断分析。

③其他必要的技术咨询。

2. Ⅱ类响应

由应急监测领导小组副组长任省中心应急监测指挥中心总指挥，省中心污染源监测室具体负责应急监测工作。主要承担以下工作：

（1）协助＊＊＊＊省环境应急与事故调查中心做好相关工作。

（2）协调省中心相关室（科）参与应急监测工作。

（3）指导地方监测中心制定应急监测方案。

（4）数据的收集整理分析工作。安排人员24小时值班，对各市（州）环境应急监测数据进行分析汇总，并及时上报＊＊＊＊省环境应急与事故调查中心。

（5）必要时，协调派出相关应急增援力量或专家赶赴现场指导应急监测，提供技术支持。

六、应急监测工作程序

突发环境事件应急监测工作流程图见附件2。

（一）预警与值班

省中心实行应急监测日常值班制度，公告应急监测值班电话。值班人员要坚守岗位，及时接转电话，并认真做好值班记录，接到应急监测任务第一时间报告应急监测领导小组。

常态下值班：按正常上班作息时间值班，节假日及其他休息时间手机联系值班。

应急状态下值班：24小时值班，手机必须保持通畅。

（二）启动应急监测预案

根据突发环境事件情况及省厅要求，省中心启动省中心环境应急监测预案Ⅰ类响应或Ⅱ类响应。

（三）应急监测工作准备

省中心应急监测预案启动后，省中心应急监测指挥中心下达应急监测工作命令，相关部门根据各自职能做好应急监测准备工作。其中：由现场监测组准备好现场监测器材及防护器材；综合组负责收集有关历史资料及污染物的毒性毒理资料；分析技术组做好分析准备工作；确保仪器处于正常状态；后勤保障组做好应急物资器材、应急车辆调配等工作。

（四）确定应急监测方案及现场监测

综合组对突发环境事件进行了解后，编制应急监测方案，方案模板见附件3。监测方案的主要内容为：

1. 参与本次应急监测的单位；

2. 确定需要监测的项目；

3. 选定监测分析方法；

4. 确定相应的监测仪器和采样设备；

5. 根据污染情况确定第一次布点方案、采样方式和频次；

6. 联系方式及数据报送方式。

现场监测组到达现场后，可根据现场具体情况，对监测方案进行修订，并报指挥中心同意后，按监测方案开展监测。

（五）样品分析

按照应急监测工作的要求，及时进行现场快速分析和实验室样品分析，并按要求出具监测数据报告或数据分析报告。

（六）数据汇总分析及应急监测快报编制

现场监测组和分析技术组应尽快向综合组报告监测结果，综合组及时将应急监测工作情况、监测数据和分析结果编写成监测快报，经省中心应急监测指挥中心审定后上报省厅，应急监测快报模板详见附件 4。应急监测快报的主要内容应包括：

1. 事件的基本情况（时间、地点、原因、过程）；

2. 上下游监测断面（点位）位置说明和位置图；

3. 主要污染物（类型、数量、装载情况）、监测项目、监测频次；

4. 水位、流量、流速、气象参数；

5. 已经采取的措施和效果；

6. 必要时进行污染影响程度及范围预测分析。

在进行数据汇总和信息报告时，应结合专家的咨询意见综合分析污染的变化趋势，预测事件的发展情况。

（七）应急监测的终止

省中心应急监测指挥中心接到省生态环境厅的应急工作终止通知后，确认应急监测工作的终止，并及时向各应急监测工作组下达应急监测工作终止的通知。

应急状态结束后，现场监测组应根据指挥中心的要求和现场实际情况，指导当地环境监测部门继续进行环境监测和跟踪评价工作，直至环境突发事件的影响消除。

（八）应急终止后的应急监测工作总结及后续工作

在应急终止后，各工作组需及时对本组在应急监测工作全过程进行评价与总结，并报综合组。总结内容主要包括：应急监测预案及技术是否科学合理，是否做到快速、准确地反映了事件状况和变化趋势，响应程序是否与应急任务相匹配，采用的分析仪器、通信设备和车辆等是否能够满足应急监测工作的需要，采取的防护措施和方法是否得当、防护设备是否满足要求等。应急监测工作所有资料统一由质量控制室存档。

根据事件情况，对事件发生地进行必要的跟踪监测，参与事件原因调查；根据本次事件应急监测的经验，及时修订和完善应急监测预案及技术方案；及时对应急监测仪器设备进行维护和保养，更新耗材，做好下一次的应急监测准备。

七、应急监测相关要求

1. 应急监测工作组成员必须保证24小时通信畅通，随时能接受指令。

2. 省中心应急监测预案启动后，全中心职工必须服从应急监测指挥中心的统一调度，各工作组应安排最强的技术力量参加工作。

3. 现场采样监测时，必须填好原始记录，必要时对事件现场进行录像、摄影。

4. 应急监测时要做好全程质量保证控制工作，保证监测数据准确可靠。

5. 规范应急监测数据发布程序，所有数据必须由省中心应急监测指挥中心审定后，方能统一上报或发布。

6. 加强应急监测人员安全防护。应急监测人员应根据污染事件的特性，采取适当的安全防护措施。

八、应急监测培训

应急监测人才是完成各项应急监测任务的关键，也是应急监测成功的重要保障，必须加强应急监测人员培训，提高应急监测水平，努力打造一支懂业务、作风正、技术精的应急监测队伍。

（一）培训对象

全省从事环境应急监测的工作人员。

（二）培训时间及形式

1. 应急监测的培训工作每年至少1次；

2. 组织应急监测专题报告或研讨会；

3. 应急监测业务培训采取“以老带新”和自学相结合的形式。

（三）培训内容

1. 应急监测的基础理论和方法；

2. 我国现行环境保护的方针政策、技术规范、质量保证、标准分析方法等；

3. 国内外应急监测新方法与技术、新仪器设备的应用等；

4. 应急监测人员安全防护知识。

九、应急监测演习

通过演习提高应急监测快速反应能力，加强各个环节之间的配合。

（1）在省中心应急监测办公室的组织下，省中心不定期开展各种规格的模拟演练，提高应急监测指挥水平和应急响应能力。

（2）积极参加由省生态环境厅和其他政府部门组织的联合演习。

十、应急监测保障的工作

对应急监测工作，要求组织机构完整、工作制度严谨、定期开展业务培训、物质储备充分，同时开展应急监测技术研究。要有效保证应急监测资源，目前省中心的应急便携式仪器型号、数量、适用范围、保管人等信息详见附件5，应急监测现场分析能力详见附件6。

十一、附则

1. 市级应急监测预案

各市（州）环境监测中心要结合本地区实际情况，分别制定本级应急监测预案，并报省中心备案。

2. 应急监测经费

各级环境监测机构要积极争取环境行政主管部门的专项资金，用于突发环境事件应急监测。

3. 预案修订

本应急监测预案原则上每两年修订一次。

附件1　**省生态环境监测中心应急监测主要负责人员联系表

附件2　省中心应急监测工作流程图

附件3　应急监测方案（样板）

附件4　应急监测快报（样板）

附件5　应急便携式仪器汇总

附件6　应急监测现场分析能力

附件7　**省生态环境监测中心应急监测工作职责分工表

附录 7　应急监测信息公开模板

＊＊市＊＊事件环境应急监测情况进展

（第＊期）

根据《＊＊市＊＊事件应急监测方案》，＊＊生态环境监测中心组织环境监测人员对事件发生地下风向环境空气和周边河流地表水开展应急监测。

至＊月＊日 10 时，在现场开展一系列处置工作。事发地现场下风向 1 000 m 处空气达标/超标，2 000 m、3 500 m 处各项污染物浓度均低于标准限值；下游地表水达标/超标。

一、空气质量

参照＊＊标准评价，＊日 10:00 事发地下风向 1 000 m 处＊＊项目浓度为＊＊mg/m^3，超标＊＊倍。事发地下风向 2 000 m、3 500 m 处各项污染物浓度均低于标准限值。

二、地表水水质

（一）＊＊断面：

＊日＊＊时，＊＊项目浓度为＊mg/L，超出《地表水环境质量标准》（GB 3838—2002）标准＊倍，超标倍数在＊～＊＊之间。

＊＊项目浓度为＊＊mg/L，超标＊倍，超标倍数在＊～＊＊之间。

其余各项监测指标均低于标准限值。

（二）＊＊断面由于＊＊＊＊原因，未采集水样。

三、＊＊＊＊

根据本次事件的污染特征，经专家会商，确定此次环境空气应急监测指标为＊＊污染物。其中，＊＊项目环境空气质量标准限值为＊＊mg/m^3，低于标准限值，表明环境空气中该物质浓度是安全的，对人体健康不会造成危害。

＊＊生态环境监测中心继续组织监测力量开展现场应急监测。

＊＊生态环境厅（局）

＊年＊月＊日